General Physics Laboratory Experiments
: Dynamics

일반물리학실험 1

| 역학편 |

정희준 지음

« Lecture Series on General Physics »

General Physics Laboratory Experiments : Dynamics

일반물리학실험 1

| 역학 편 |

정희준 지음

한양대학교 출판부

學而不思則罔

활의 움직임에 의한 운동에너지는 현과의 마찰을 통해 현의 파동 진동운동에너지로 전달되고 현의 길이에 따른 특정한 주파수를 가진 진동은 현악기 몸통에서의 공명현상에 의해 증폭되어 아름다운 소리가 만들어진다.
사람의 감성에 관한 내용은 전혀 찾아볼 수 없는 물리학은 사람의 감정을 움직일 수 있는 물건들의 작동원리가 된다.

PREFACE

서 문

한양대학교 ERICA 응용물리학과는 이공계 기초물리 과목인 일반물리학과 일반물리학실험 교과목의 관장학과로서 학생들의 학습증진을 위해 HYPER(HanYang Physics Education Run-up) 프로그램을 추진하고 있습니다. 그 일환으로 실험교과목 업그레이드를 위해 역학 부분이 주요 내용인 본 실험 교재 <일반물리학실험1>의 출간이 이루어졌으며, 추후 전기전자·광학 부분이 중심인 <일반물리학실험2>가 출간될 예정입니다.

일반물리학실험 업그레이드는 국제적인 수준의 실험장비 도입과 수업환경의 구축, 두 시간이라는 제한된 학습시간 내에 학생들이 실험 조건과 구성 요소들을 파악해 나갈 수 있도록 하는 자기주도 실험학습 지향, 모든 실험 조가 동일한 실험을 동일한 수업시간에 진행할 수 있도록 충분한 실험세트 수량의 확보를 통하여 실험수업의 효율성을 극대화한 수업운영방식의 기획 및 도입 등이 주요 내용입니다.

이론적인 상황과는 달리 현실적으로 측정 가능한 실험조건을 만들어내기 위해서는 여러 가지 제약들이 발생하게 되는데, 이러한 실험상황에 대한 이해와 학습자 스스로 실험문제해결을 위한 주도적인 사고의 기초를 제공할 수 있는 성격의 교재 제작을 목표로 집필이 이루어졌습니다.

평범하게 보이던 현악 사중주곡도 연주자들의 섬세한 감성에 의해 마치 전혀 다른 개성을 지닌 새로운 모습으로 우리 앞에 나타날 때의 느낌처럼, 단순해 보이는 실험이라 하더라도 실험진행자의 실험적인 감수성에 의해 다양한 깊이의 과학적 탐구가 가능해질 수 있다는 점을 염두에 두고 실험과목을 수강하는 학생들은 각자의 무궁한 상상력을 바탕으로 본 교재에서 제시된 기본적인 실험들을 넘어서서 새로운 원리들을 살펴볼 수 있는 실험들을 구상해 나갈 수 있는 노력을 기울여보기 바랍니다.

학습이라는 것은 우리의 삶의 여정 자체도 그런 것이겠지만 스스로 찾아나가고자 하는 마음가짐 없이는 의미 있는 결과를 기대하기 힘들 것입니다. 태평양 한가운데서 비록 보잘것없는 뗏목에 의지하더라도 끊임없이 몰아치는 파도의 도전에 대비하고 스스로 대응해 나가는 과정 자체가 성장을 위한 노력의 일환이 될 것입니다. 여러분의 인생길에서 발전의 근간을 이룰 수 있는 꾸준한 성장이 이루어지기를 기원합니다.

CONTENTS

차 례

1. 버니어 캘리퍼스 (Vernier Calipers)

물리학은 측정의 학문이다. 측정에 있어서 가장 기본적인 길이측정의 경우, 정밀도를 향상시켜 길이를 읽는 버니어 캘리퍼스의 측정원리를 살펴본다.

이 도구의 특징은 두 개의 상이한 길이측정자를 이용하여 정밀도를 원래의 눈금자에 비해 수 배 에서 수십 배까지 높일 수 있다는 점이다. 버니어 캘리퍼스는 1631년 프랑스의 수학자인 피에르 버니어(Pierre Vernier, 1580-1637)에 의해 발명되었다.

버니어 캘리퍼스의 각 부위의 명칭은 아래 그림과 같다.

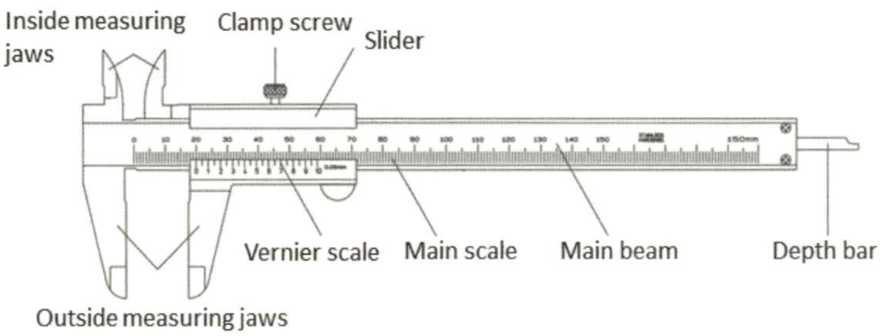

그림 1-1 | 버니어 캘리퍼스 주요부위 명칭.

버니어 캘리퍼스의 측정원리를 알아보기 위해 다음과 같은 main scale과 vernier scale의 경우를 살펴보자(그림 1-2).

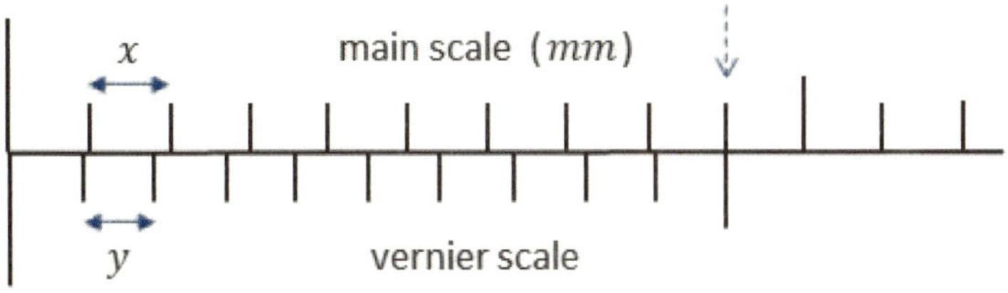

그림 1-2 | 버니어 캘리퍼스 눈금자.

일반적으로 두 눈금의 원점이 일치해있는 상태에서 [vernier scale 눈금 수의 정수배 -1]이 되는 main scale의 눈금위치에서 두 scale의 눈금이 만나게끔 이루어져 있다. 그림에서는 이 지점이 점선 화살표로 표시되어 있다.

그림 1-2의 경우에서는 main scale의 9 눈금 길이와 vernier scale의 10 눈금 길이가 점선 화살표 지점에서 만나고 있다. 따라서 x를 main scale의 한 눈금 길이, y를 vernier scale의 한 눈금 길이라고 하면,

$$9x = 10y, \quad \Delta = x - y = x - \frac{9}{10}x = 0.1x = 0.1\,mm \tag{1-1}$$

이다. 여기서 Δ는 main scale의 한 눈금과 vernier scale의 한 눈금의 차이로서 버니어 캘리퍼스의 측정 정밀도를 결정하는 요소이고 버니어 상수 (vernier constant)라고 부른다.

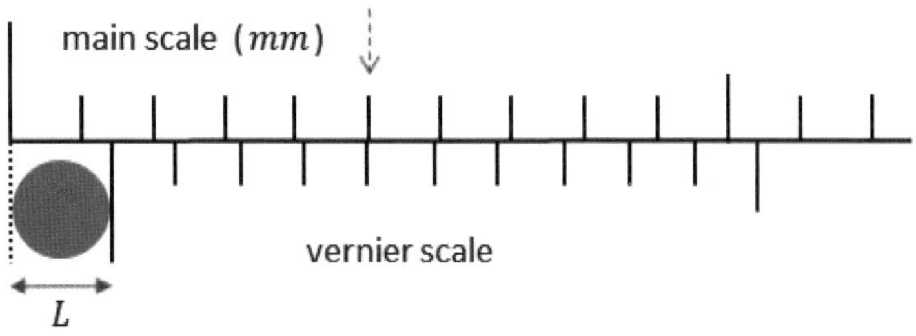

그림 1-3 | 버니어 캘리퍼스 측정 사례 1.

그림 1-3과 같이 버니어 캘리퍼스로 어떤 물체의 두께 L을 측정한다고 하자. 눈대중으로 본다면 vernier scale의 첫 번째 눈금이 이동한 위치를 보아 대략적으로 $1.3 \sim 1.4\,mm$ 정도라는 것을 알 수 있다.

이제 vernier scale을 이용하여 보다 정확하게 측정해보자. vernier scale의 첫 번째 눈금의 위치, 즉 측정하는 길이 L은 위 그림에서

$$L = 5x - 4y = 5x - 4 \cdot \frac{9}{10}x = 1.4x = 1.4\,mm \tag{1-2}$$

이다. 이것은 vernier scale을 이용하지 않고 main scale의 눈금만으로 대략적으로 판단한 수치보다는 더 정확하게 $1.4\,mm$라는 측정결과를 얻어낸 것이다.

수식 1-2를 더 살펴보면, 측정길이 L은 $1.0\,mm$ + $4\varDelta$ (vernier scale의 영점 눈금이 main scale $1.0\,mm$ 위치로부터 오른쪽으로 $4\varDelta$ 만큼 밀렸으므로)에 해당하여

$$L = 1\,mm + 4\varDelta = 1\,mm + 4 \times 0.1\,mm = 1.4\,mm \qquad (1\text{-}3)$$

임을 알 수 있다. 식 1-2와 1-3은 내용상 동일한 의미를 담고 있다.

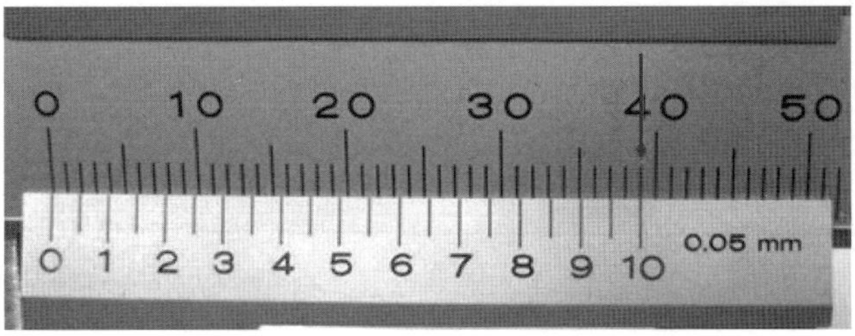

그림 1-4 | 버니어 캘리퍼스 측정 사례 2.

두 번째 버니어 캘리퍼스로서 그림 1-4를 살펴보자. 위 캘리퍼스의 경우는 vernier scale의 20 눈금이 main scale의 39 눈금과 같다. 즉,

$$39x = 20y, \quad y = \frac{39}{20}\,mm = 1.95\,mm \qquad (1\text{-}4)$$

이 경우의 버니어 상수는 main scale 두 눈금 당 vernier scale 한 눈금의 차이가 두 scale간의 미세한 변위차 $\varDelta$를 나타내므로

$$\varDelta = 2x - y = 2\,mm - 1.95\,mm = 0.05\,mm \qquad (1\text{-}5)$$

이다. 이러한 사실을 염두에 두고 다음과 같은 길이 측정에서의 측정값을 읽어보자.

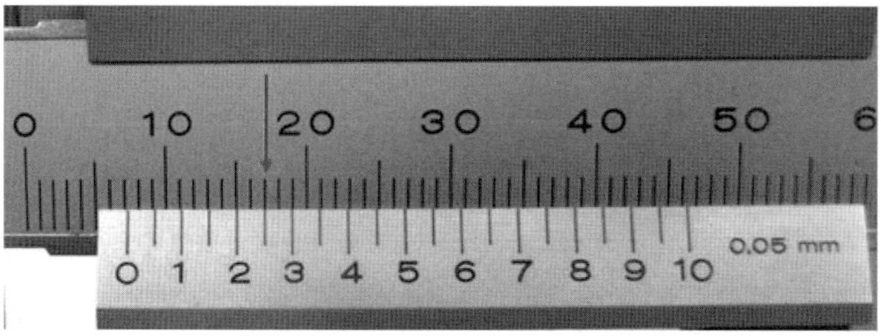

그림 1-5 | 버니어 캘리퍼스 측정 사례 3.

위 그림에서 두 scale이 만나는 위치는 $x = 17\,mm$인 곳이다. 따라서

$$L = 17.0\,mm - 5\,y = 17.0\ mm - 5 \times 1.95\,mm = 7.25\,mm \tag{1-6}$$

또는

$$L = 7.0\,mm + 5\,\Delta = 7.0\ mm + 5 \times 0.05\,mm = 7.25\,mm \tag{1-7}$$

이다.

과제용 질문

아래와 같은 버니어 캘리퍼스가 있다. 버니어 상수를 구하고, 두 번째 그림에서 나타난 측정 길이 L을 구하시오.

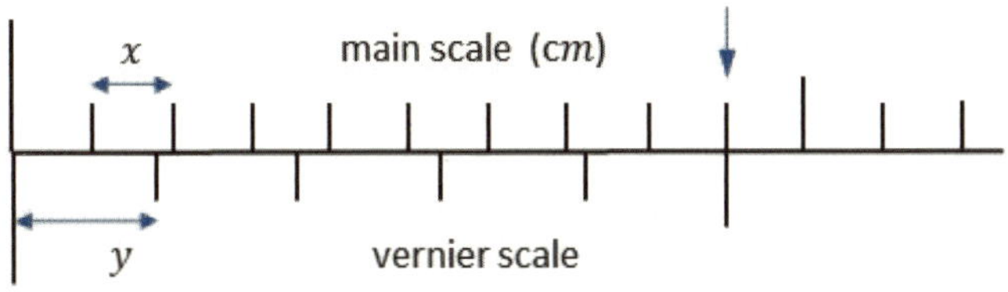

(a)

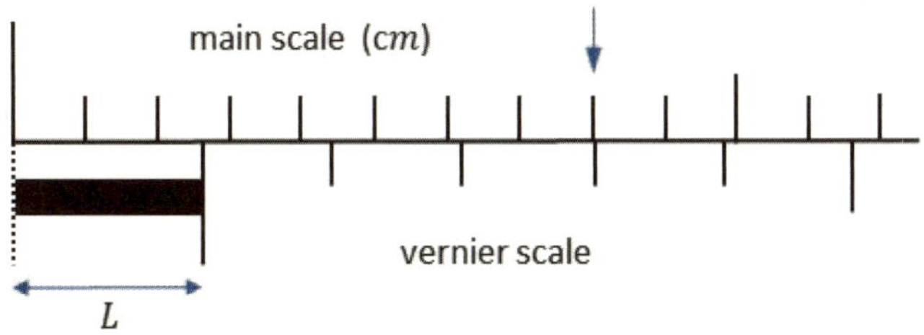

(b)

그림 1-6 | 버니어 캘리퍼스 측정 사례 4.

풀이

$9x = 5y,\ \ y = \frac{9}{5}\,cm = 1.8\,cm \quad \rightarrow \quad \Delta = 2x - y = 2.0\,cm - 1.8\,cm = 0.2\,cm$

$\therefore\ L = 2.0\,cm + 3\Delta = 2.6\,cm$

2. 낙하운동

1 실험 목적

낙하하는 물체의 운동에 영향을 미치는 요소들과 낙하물체의 가속도를 측정하는 방법에 대해 알아본다. 속도에 비례하는 공기저항력 $F_r = -kv$가 작용하는 경우에 공기저항력의 계수 k를 실험적으로 구할 수 있는 방법을 살펴본다.

2 이론 및 원리

1. 등가속도 운동

자유낙하운동(free fall)은 물체가 낙하하면서 오직 중력의 작용만을 느끼면서 운동하는 경우를 의미하는데 결과적으로 자유낙하운동의 가속도는 중력가속도가 된다.
물체는 힘을 받는 동안 가속도가 발생하게 되며 이것은 뉴턴의 제2법칙($F = ma$)으로 기술된다. 같은 힘을 받더라도 질량이 큰 물체일수록 발생하는 가속도는 작아지게 된다. 즉, 질량이 큰 물체는 자신의 운동 상태를 바꾸려는 경향이 작다고 말할 수 있으며 다른 표현으로는 자신의 운동 상태를 유지하려는 경향이 크다고 할 수 있다. 따라서 질량은 관성의 정량화된 표현이라고 이해할 수 있다.

일정한 힘이 지속적으로 작용하고 있는 동안에는 물체는 일정한 가속도를 얻게 되는데, 가속도는 속도의 변화량으로 다음과 같이 표현된다.

$$a = \frac{dv}{dt} \tag{2-1}$$

이 식으로부터 속도를 구해보면 다음과 같다.

$$dv = a\,dt \;\rightarrow\; \int_{v(0)}^{v(t)} dv' = \int_0^t a\,dt' \tag{2-2}$$

$$v(t) = v(0) + \int_0^t a\,dt' = v(0) + at \tag{2-3}$$

속도와 움직인 거리와의 관계식을 이용하여 운동거리를 표현해보면

$$v = \frac{dx}{dt} \;\rightarrow\; dx = v\,dt = [v(0) + at]\,dt \tag{2-4}$$

$$\int_{x(0)}^{x(t)} dx' = \int_0^t [v(0) + at']\,dt' \;\rightarrow\; x(t) = x(0) + v(0)t + \frac{1}{2}at^2 \tag{2-5}$$

와 같다. 등가속도운동에서의 운동거리, 속도, 가속도를 시간의 흐름에 대해 그래프로 표현해보면 그림 2-1과 같은 모양들을 얻을 수 있다.

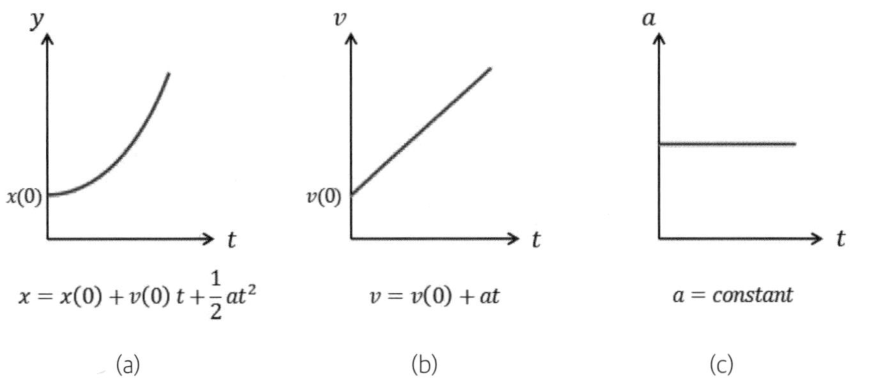

그림 2-1 | 등가속도운동을 하는 물체의 (a) 운동 거리, (b) 속도, (c) 가속도 그래프.

2. 낙하운동에서 공기저항력의 영향

공기나 물과 같은 유체 속을 움직이는 물체는 유체와의 상대적인 속도에 따른 저항력을 느끼게 된다. 물체가 공기 중에서 낙하할 때 물체는 중력뿐만이 아니고 움직이는 반대방향으로의 공기저항력(air resistive force)을 동시에 받게 된다. 일반적으로 공기저항력은 낙하하는 물체의 모양과 크기, 공기의 특성, 낙하속도 등에 의해 결정되며, 물체가 낙하하는 속도가 비교적 작을 때는 근사적으로 낙하속도에 비례하고 낙하속도가 클 때는 속도의 제곱에 비례하는 특성이 실험적으로 관찰된다. 공기저항력이 낙하속도의 제곱에 비례하는 경우는 일반적인 유체에 관해서 성립하는 drag force가 된다.

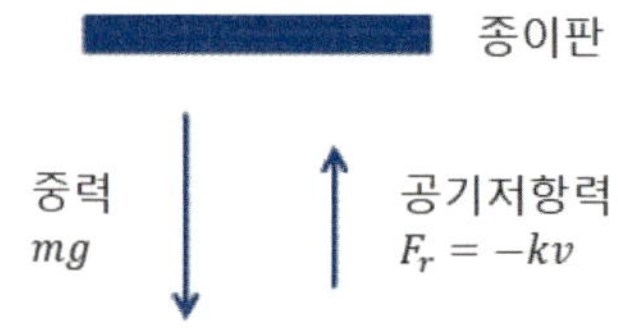

그림 2-2 | 낙하운동을 하는 물체에 작용하는 힘.

우리가 실험에서 사용하는 낙하물체는 택배박스에서 오려낸 편평한 종이판을 사용하는데, 평면을 가진 물체를 낙하방향과 평면이 수직이 되게 함으로써 공기저항력은 극대화된다. 물체가 정지해 있다가 낙하를 시작하기 때문에 초기 낙하운동의 구간에서는 물체의 속도가 작아서 공기저항력은 낙하속도에 비례하는 경우라고 가정할 수 있다. 낙하하는 물체에 대한 운동방정식을 살펴보면 다음과 같다.

$$F = F_g + F_r = mg - kv = ma \tag{2-6}$$

여기서 m은 물체의 질량, g는 중력가속도, a는 알짜힘에 대한 겉보기 가속도, k는 공기저항력의 속도에 대한 비례상수이다. 낙하하는 물체는 시간이 지날수록 속도가 점점 커지게 되고 따라서 낙하가 진행될수록 속도에 비례하는 공기저항력은 크기가 점점 더 커지게 되지만 중력의 크기를 넘어설 수는 없다. 따라서 시간이 상당히 흐른 뒤 어느 시점에서는 중력과 공기저항력의 크기가 같아져서 물체가 받는 알짜힘은 0이 되고 낙하 물체의 속도는 시간과 무관하게 등속 낙하운동을 하게 되며 이 속도를 종단속도(v_T)

라고 한다. 식 2-6에서 종단속도를 구해보면 다음과 같다.

$$mg = kv_T \quad \rightarrow \quad v_T = \frac{mg}{k} \tag{2-7}$$

식 2-6의 1차 미분방정식을 풀어봄으로써 낙하하는 평판형 물체의 운동을 정량적으로 파악할 수 있는데, 풀이를 위해 식을 변수분리된 형태로 표현해보면 다음과 같다.

$$mg - kv = ma = m\frac{dv}{dt} \quad \rightarrow \quad \frac{dv}{dt} = g - \frac{k}{m}v \quad \rightarrow \quad \frac{dv}{g-(k/m)v} = dt \tag{2-8}$$

적분이 수월하도록 상수들을 정리해주면

$$\frac{-(k/m)dv}{g-(k/m)v} = -\frac{k}{m}dt \tag{2-9}$$

와 같고 이것을 적분하여 계산하면 속도 $v(t)$를 얻을 수 있다.

$$\ln\left(g - \frac{k}{m}v'\right)\Bigg|_0^{v(t)} = -\frac{k}{m}t'\Bigg|_0^t \quad \rightarrow \quad v(t) = \frac{mg}{k}(1 - e^{-(k/m)t}) \tag{2-10}$$

위 식의 특징은 시간이 상당히 흐른 시점($t \rightarrow \infty$)에서의 속도는 시간에 무관하게 일정한 값, 즉 여기서는 $v = \dfrac{mg}{k}$라는 일정한 속도를 가지게 되는데, 이것이 앞서 살펴본 식 2-7에서의 종단속도이다.

식 2-10의 속도 $v(t)$와 식 2-6을 이용하여 공기저항력을 받으면서 낙하운동을 하는 물체의 가속도를 구해보면

$$a(t) = g - \frac{k}{m}v = g - \frac{k}{m}\frac{mg}{k}(1 - e^{-(k/m)t}) = g\,e^{-(k/m)t} \tag{2-11}$$

이며 공기저항에 의해 지수함수적으로 감소하는 양상임을 알 수 있다.

가속도를 시간에 대한 함수 그래프로 그려보면 그림 2-3과 같다.

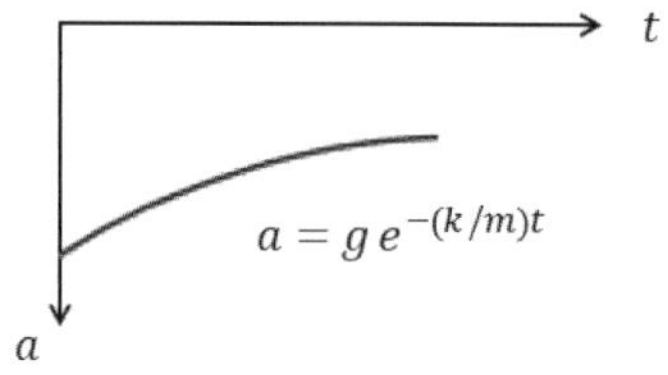

(a)

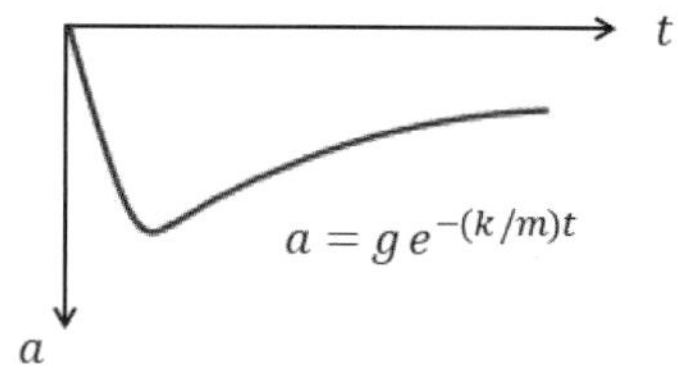

(b)

그림 2-3 | 공기저항력을 받는 물체에 대해 (a) 이론적인 수식에 의한 가속도와 (b) 실험적인 현실이 반영된 가속도의 양상.

그림 2-3(a)는 2-11식의 그래프인데, 물리적으로는 물체가 정지해 있다가 낙하를 시작한 것이기 때문에 멈춰있던 순간의 가속도는 0이 되며 이후 운동을 시작하면서 가속도의 크기가 급격하게 중력가속도 값에 근접하게 되지만 속도에 의존하는 공기저항력도 커지게 되어 실제 가속도의 최대 크기는 중력가속도에는 미치지 못하게 될 것이며 시간이 흐를수록 점점 커지는 공기저항력에 의해 가속도의 크기는 점점 줄어들게 될 것이다. 이러한 현실적인 상황을 묘사한 그래프가 그림 2-3(b)이다.

식 2-10으로부터 낙하거리를 구해보면

$$v(t) = \frac{mg}{k}(1 - e^{-(k/m)t}) = \frac{dy}{dt} \tag{2-12}$$

$$y(t) = \int_0^t \frac{mg}{k}(1 - e^{-(k/m)t'})dt' = \frac{mg}{k}t + \left(\frac{m}{k}\right)^2 g\,(e^{-(k/m)t} - 1) \tag{2-13}$$

과 같다.

그림 2-4는 측정된 실험결과들 중의 하나이며 가속도가 그림 2-3(b)와 유사한 형태의 곡선임을 알 수 있다.

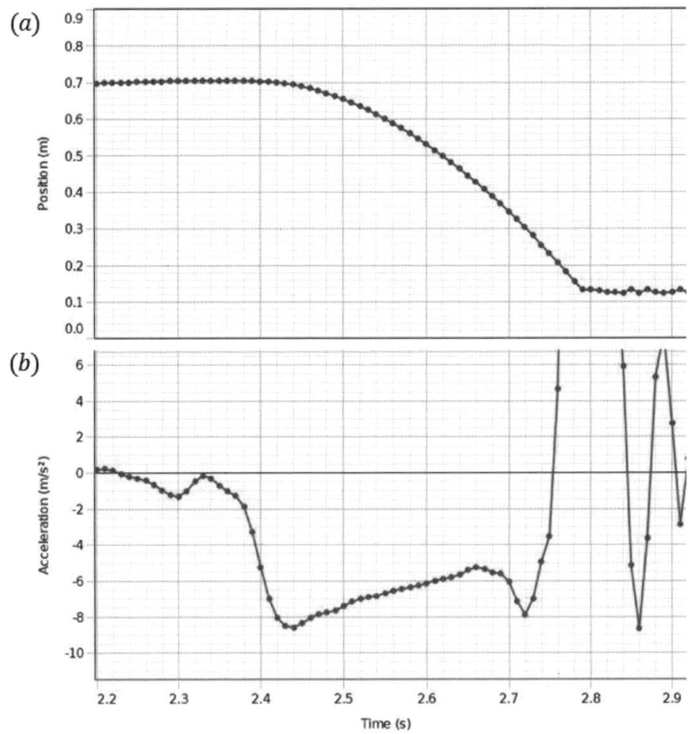

그림 2-4 | 공기저항력을 받는 물체의 (a) 낙하거리와 (b) 가속도 실험 데이터.

3. 공기저항계수의 유도

지금부터는 식 2-1에 도입된 공기저항력 $F_r = - kv$에서의 공기저항계수 k를 근사적으로 구해볼 수 있는 방법에 대해 논의해본다. 어떤 물리량을 측정할 때 가능한 방법은 여러 가지가 존재할 수 있는데 주어진 실험조건과 제약 사항들 내에서 현실적으로 가능한 방법론을 찾으면 합당할 것이다.

낙하하는 물체는 식 2-6과 2-10에 의해 물체의 속도에 의존하는 가속도를 가지게 되지만 운동 초기에는 근사적으로 등가속도 낙하운동을 한다고 가정하면 낙하속도는

$$v = at \tag{2-14}$$

와 같이 나타낼 수 있다(a는 가속도). 이것을 반영하면 식 2-6의 낙하운동 가속도는 다음과 같이 쓸 수 있다.

$$a = g - \frac{k}{m}v \simeq g - \frac{k}{m}at = g - ct \qquad \left(c \equiv \frac{ka}{m}\right) \tag{2-15}$$

이 식을 그림 2-3(b)와 비교해보면 지수함수적으로 변화하는 부분을 단순화하여 시간에 대한 1차 곡선, 즉 직선화하여 근사시킨 것과 같다. 실험에서 직접적으로 관측하는 물리량은 시간에 대한 물체의 낙하거리인데, 등가속도운동의 특징인 2차 곡선의 형태와 거의 비슷하게 나타나게 된다. 따라서 그림 2-4(b)의 가속도에서 직선부분의 기울기 c를 구하고 그림 2-4(a)의 낙하거리의 2차 함수 근사식 $y = \frac{1}{2}at^2$에서 가속도 a를 구하면 $k = \frac{mc}{a}$(식 2-15)에 의해 공기저항력 계수 k를 근사적으로 구할 수 있다.

본 실험에서와 같이 종이판을 낙하시키는 경우는 종이판이 수평을 유지하면서 낙하하도록 하는 것이 관건이 된다. 두 종류의 종이판의 낙하에 대해 그림 2-4(b)와 같이 비교적 가속도의 선형성을 쉽게 파악할 수 있는 경우들에 대해 위와 같은 근사법을 이용하여 계산한 실험 결과는 다음과 같다.

표 2-1 | 대표적인 실험데이터 값. 비슷한 크기와 질량을 가진 평판들에 대해 의미 있는 k값의 분포 범위는 0.062에서 0.086 사이이다.

종이판 1		종이판 2	
면적	$15\,cm \times 17cm$	면적	$15\,cm \times 17cm$
m	$29.3\,g$	m	$46.3\,g$
c	13.1	c	10
a	6.04	a	6.86
k	0.0635	k	0.0675

한편 이와 같은 근사법이 아니고 관측된 실험값들을 식 2-10의 속도, 식 2-11의 가속도, 식 2-13의 낙하거리에 관한 식들로의 fitting 과정을 거쳐서 모르는 미지수 k를 구할 수도 있는데, 그림 2-4의 예제 실험값에 대한 fitting 결과들을 정리해보면 다음과 같다. 그래프 fitting은 그림 2-5에 나타나있다.

표 2-2 | 종이판 1에 대해 구한 공기저항계수 k값들의 결과.

	근사법	낙하거리 fitting	속도 fitting	가속도 fitting
k	0.0635	0.0651	0.0653	0.0641

본 실험은 1학년 기초과정이기 때문에 매우 단순화된 근사를 적용하여 공기저항력을 구해보도록 한다. 식 2-6에 평균을 적용해보면 공기저항력은 다음과 같이 쓸 수 있다.

$$mg - \overline{F_r} = m\bar{a} \;\rightarrow\; \overline{F_r} = mg - m\bar{a} \tag{2-16}$$

측정된 가속도 그래프에서 의미있는 연속성이 보이는 시간 영역에서의 가속도 평균값을 구한 뒤 식 2-16에 대입해보면 종이판 1에 대해서는 $\overline{F_r} = 0.091\,N$을 얻을 수 있다.

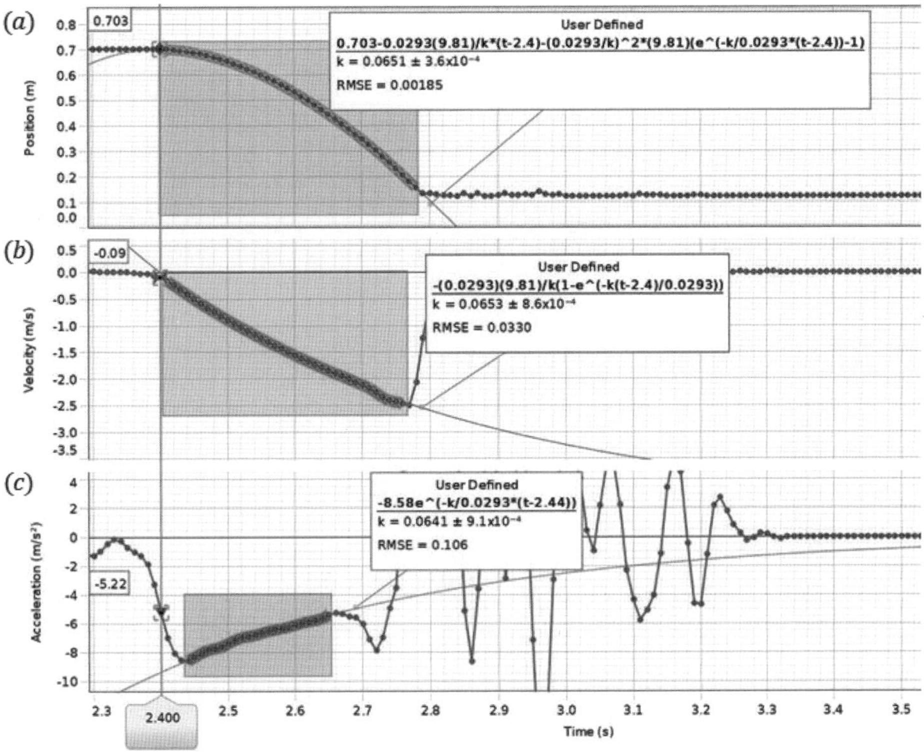

그림 2-5 | 측정 그래프의 fitting에 의한 k값 산출 결과.
(a) 낙하거리 fitting, (b) 속도 fitting, (c) 가속도 fitting.

$\overline{a}$ 대신에 낙하거리 곡선에서 2차 함수식 $y=\frac{1}{2}at^2$을 적용하여 구한 a를 이용하면 $\overline{F_r}=0.11\,N$이 된다. 보통의 경우 매끄러운 가속도 곡선을 얻기가 힘들기 때문에 거리 측정 데이터에서 가속도를 구하여 평균 공기저항력을 구한다.

참고

그림 2-5의 측정값 그래프에서 속도와 가속도는 센서의 실측값이 아니고 운동센서로부터 얻어진 거리 측정값을 수치미분을 통해서 얻어낸 값들이다.

4. 초음파 운동센서

가장 일반적으로 많이 사용하는 거리측정 센서는 초음파 발진기를 이용한 것이다. 초음파 센서로부터 생성된 일련의 pulse 신호는 음속으로 진행하다가 편평한 물체의 표면에서 반사되어 센서로 되돌아갈 경우, 센서의 신호처리 회로에서는 예를 들면 발진된 pulse열의 마지막 펄스와 되돌아와서 감지된 pulse열의 마지막 펄스 사이의 시간차 Δt를 측정하게 되며 센서와 반사체와의 거리 d는 다음과 같은 관계식을 통해 알아낼 수 있다.

$$d=\frac{v\cdot\Delta t}{2},\quad (v=340\,m/s) \tag{2-17}$$

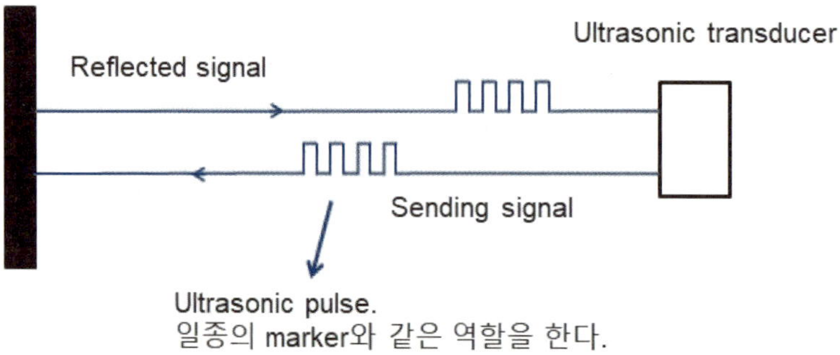

그림 2-6 | 초음파 거리측정 센서의 측정상태를 나타내는 모식도.

만약 센서와 반사체와의 거리가 너무 가까울 경우 보내진 pulse열과 반사된 pulse열이 겹치게 되면 pulse열의 마지막이 구분이 되지 않기 때문에 센서는 거리를 측정할 수가 없게 된다. 이러한 이유 때문에 PASCO 초음파 운동센서의 경우 물체와 센서의 거리가 $15\,cm$ 이내의 경우에는 거리측정이 불가능하다.

3 실험 기구 및 장치

실험세트 박스 : Freefall/SHO

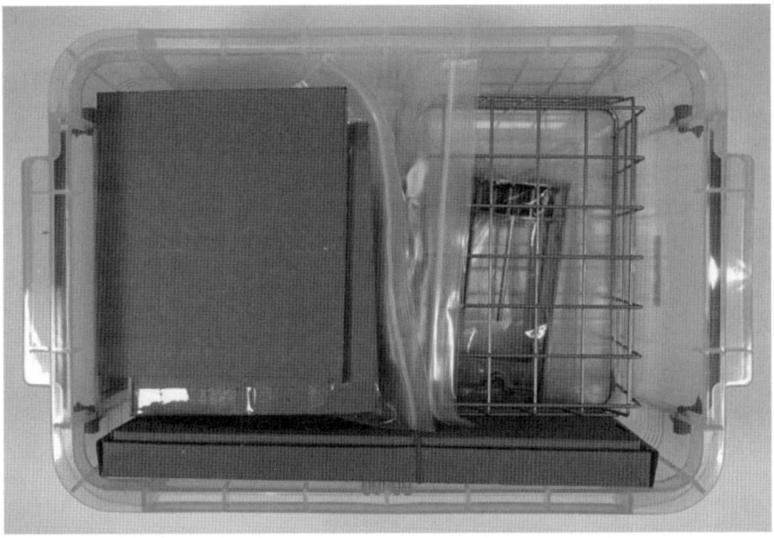

그림 2-7 | 실험세트 수납 상태.

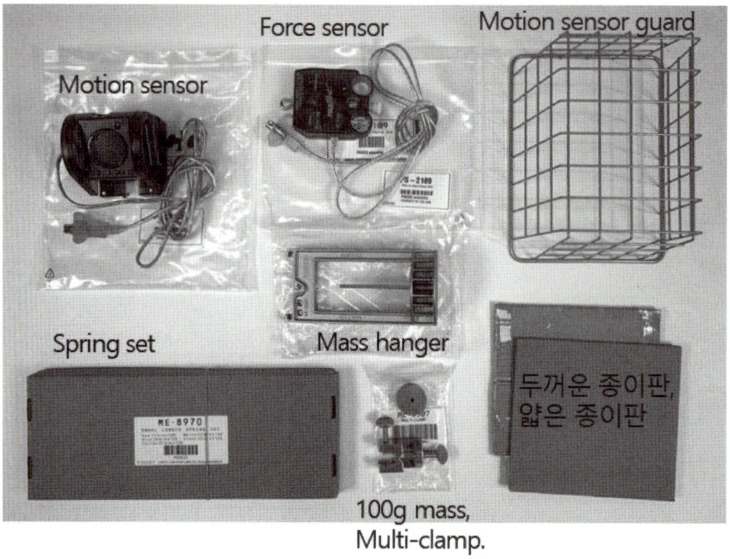

그림 2-8 | 실험세트 수납 내용물.

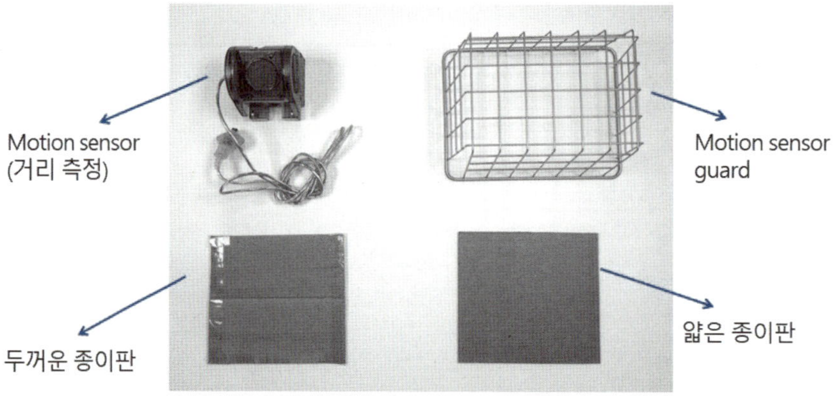

그림 2-9 | 낙하운동 실험 필요 부품

[유의사항]

1. 실험에 필요한 부품을 그림 2-9에서 확인한 후 보관 박스에서 꺼내고 보관 박스는 PC 모니터 뒤쪽 바닥에 옮겨놓은 후 실험을 시작한다.
2. 수납 시 그림 2-8의 내용물을 확인한 후 부품별 수납 비닐봉지에 물품들을 넣고 지퍼가 있을 경우 지퍼를 닫는다. 그림 2-7과 같이 원래의 상태로 수납이 되도록

한다. 박스의 방향이 바뀌지 않도록 주의하며, 박스의 라벨은 왼쪽에 위치하도록 한다. 모든 물품은 사용 후 원래의 보관 장소와 위치로, 원래의 보관 상태로 정리되어야 한다.

3. 기다란 선이 있는 센서 등을 박스에 보관할 때 아래와 같이 선을 정리한 후 보관용 비닐봉지에 수납한다.

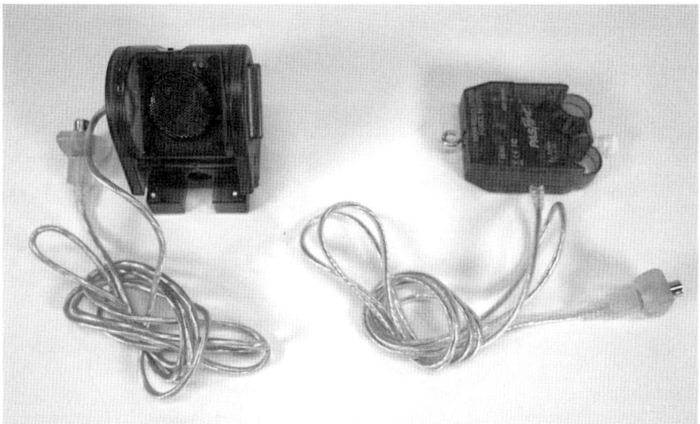

그림 2-10 | 연결선 등의 정리 방법.

4. 실험 종료 후 그림 2-11과 같이 정리해 놓는다. PC와 850 인터페이스의 전원은 OFF 시킨다. 퇴실 시 정리 상태를 확인받고 퇴실한다.

그림 2-11 | 실험 후 정리된 실험테이블의 모습.

4 실험 방법

1. 그림 2-9에서와 같이 낙하운동 실험에 필요한 부품들을 실험테이블에 정리하여 놓고, 그 이외의 실험세트 부품들은 실험세트 보관박스 안에 보관한다. 실험세트 박스는 실험 중에는 실험테이블의 컴퓨터 모니터 뒤 아래쪽 바닥에 위치시킨다.
2. 커팅매트 위에 운동센서를 위치시키고 센서 옆면의 회전 각도기(그림 2-12, 4번)를 사용하여 센서의 방향이 정확히 지면에 수직방향이 되도록 한다. 센서 상부의 range switch(그림 2-12, 3번)를 short range ( )로 설정한다.

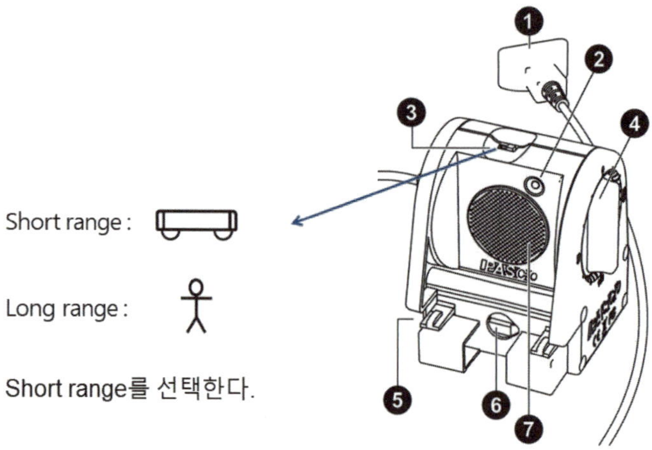

그림 2-12 | 초음파 운동센서.

3. 그림 2-13과 같이 운동센서 보호용 guard를 설치한다. guard가 센서 연결선을 누름에 따라 센서의 방향이 미세하게 틀어지는 것을 방지하기 위해 센서 연결선은 그림과 같이 guard의 옆면 틈새로 빼낸다.

그림 2-13 | 운동센서와 guard의 설치.

4. 운동센서 연결선을 데이터 수집장치인 850 인터페이스의 Pasport sensor 입력단자 1번에 연결한다. 이 때 연결플러그의 방향을 육안으로 확인한 후에 연결한다. (반대방향으로 연결을 시도할 경우 연결플러그의 pin들이 파손될 수 있다)
5. 실험대 PC의 바탕화면 우측 상단에서 '1학기 실험' 폴더를 찾아 '낙하운동.cap' 파일을 더블클릭하여 측정용 소프트웨어를 시작한다. 센서의 sampling rate는 100 Hz를 사용한다.
6. 낙하물체는 얇은 종이판(15 g 내외)과 두꺼운 종이판(30 g 내외)이 있는데, 먼저 두꺼운 종이판을 운동센서의 상부 수직 방향으로 1 미터 정도 높이에 위치시킨다.
7. 측정 프로그램의 RECORD 버튼을 누른 후 잡고 있던 종이판을 떨어뜨려 낙하운동이 시작되도록 한다. 이 때 주의할 점은 낙하물체인 종이판이 지면과 평행을 유지하면서 낙하해야 센서가 의미있는 데이터를 얻을 수 있다. (센서의 작동원리를 살펴볼 것)
8. 측정 프로그램의 낙하시간-낙하위치 그래프에서 그림 2-4(a)와 같이 부드러운 2차 곡선 형태의 구간이 나타나는지 확인하고 이러한 구간이 보이지 않으면 측정을 다시 진행한다.
9. 측정 그래프에서 그림 2-14의 데이터영역 선택메뉴를 이용하여 2차 곡선 형태의 데이터 영역을 선택한 후 그래프 상단 메뉴바의 Curve Fit 기능(그림 2-15)을 클릭하여 열고 2차 곡선 (Ax^2+Bx+C)을 선택하여 계수들을 구한다. 여기서 실험

목적과 관련한 의미있는 계수는 A 인데 이 값으로부터 물체의 낙하가속도를 구한다.

그림 2-14 | 그래프 메뉴바의 데이터 영역 선택 버튼 위치.

그림 2-15 | 그래프 메뉴바의 Curve Fit 기능 버튼 위치.

10. 두꺼운 종이판과 얇은 종이판을 포갠 후 스카치 매직 테이프로 네 군데 귀퉁이 부분을 연결하여 하나의 종이판으로 만든 후, 낙하실험을 진행하여 낙하 가속도를 구한다.
11. 테니스 공과 같은 물체에 대해서도 실험을 진행해보고, 작고 구형인 물체들에 대해서는 측정이 잘 되지 않는 이유를 실험보고서에 논의해본다.

참고

낙하용 종이판이 새로 필요할 경우 택배 박스 등을 대략 $16\,cm \times 16\,cm$ 정도의 크기로 잘라서 만든다. 종이 두께마다 다르지만 일반적인 택배용 박스의 경우 위 크기에 대해 한 겹 당 $15\,g$ 내외의 질량을 가지게 된다. 센서의 초음파 신호가 종이판에 반사되어 센서로 돌아가서 감지되기 위해서는 낙하 중에 종이판이 수평을 이루면서 낙하해야 하는데, 비교적 이 조건을 만족시키기 수월한 경우는 대략 위와 같은 크기에 질량은 $25\,g \sim 50\,g$ 정도이다.

실험 2 | 낙하운동 실험결과

1. 실험측정값 및 계산

(1) 두꺼운 종이판 낙하

두꺼운 종이판 질량 $m=$ ____________ g

회수	추세선 식 ($y=At^2$)	측정 가속도 (m/s^2)
1		
2		
3		
평균		

$\overline{F_r}=$ ____________ N (측정가속도 a를 이용하여 계산한다)

(2) 두꺼운 종이판 + 얇은 종이판 낙하

두꺼운 종이판 + 얇은 종이판 질량 $m=$ __________ g

회수	추세선 식 ($y=At^2$)	측정 가속도 (m/s^2)
1		
2		
3		
평균		

※ 두꺼운 종이판과 얇은 종이판은 스카치 매직 테이프를 사용하여 연결한다.

$\overline{F_r}=$ ____________ N (측정가속도 a를 이용하여 계산한다)

2. 실험 분석 질문

(1) 두 개의 서로 다른 평판 형태 물체의 낙하 가속도와 각 물체의 질량, 크기는 어떤 상관관계를 가지고 있는지 생각해 본다.

(2) 이번 실험을 통해서 초음파센서를 활용한 측정의 경우를 알아보았는데, 초음파 센서를 사용하는 경우에 있어서 그 작동원리를 상기해 보면서 초음파 센서 측정에서의 한계점이 어떤 것들이 있는지 추론해본다.

(3) 테니스 공과 같이 작고 구형인 물체들에 대해서는 측정이 잘 되지 않는 이유를 생각해본다.

3. 뉴턴 법칙

1 실험 목적

어떤 물체에 힘이 가해지면 그 힘에 비례하는 가속도가 발생하게 된다. 물체의 질량은 이 상황을 기술하는 관계식에서 비례상수의 역할을 하게 되어 수식 $F=ma$를 이루게 된다. 이러한 내용을 이용하여 물체의 운동을 발생시켜 질량을 알아내는 방법론을 학습한다.

2 이론 및 원리

1. 가해진 힘과 가속도, 질량의 관계

물체는 힘을 받게 되면 운동 상태의 변화를 겪게 된다. 예를 들면 멈추어있던 물체에 힘을 가하면 물체는 정지해있던 상태의 속도인 $0\,m/s$로부터 시작하여 힘이 가해지고 있는 동안에는 점점 속도가 커지게 된다. 속도의 변화, 즉 가속도가 발생한 것이다. 때로는 우리의 일상 경험을 통해서 파악되는 내용 중의 하나는 일정한 속도를 유지하기 위해 힘을 가해야 하는 상황도 발생한다. 예를 들면 고속도로에서 자동차를 일정한 속도로 유지하기 위해서 자동차의 구동력을 발생시키는 엔진의 가속 페달을 일정하게 누르고 있어야 속도가 유지되는 것을 경험할 수 있다. 그런데 이 경우는 자동차의 각종 구동 부위에서 발생하는 마찰력과 낙하운동에서 살펴본 것과 같이 자동차가 받는 공기 저항력을 상쇄하기 위해 엔진이 힘을 가하는 경우이기 때문에 힘이 오로지 자동차의 가속도 발생에만 영향의 끼치는 경우는 아니다. 이렇게 현실적으로 존재하는 마찰력에 대해서는 마찰력 실험에서 다루게 될 예정인데, 힘과 가속도의 관계를 온전히 파악하기 위해서는 상상으로나마 여러 가지 마찰의 요소들을 무시할 수 있는 우주 공간에 물체가 떠 있는 상태에서 힘을 가하는 상황을 살펴보도록 한다.

마찰력을 무시하거나 최소화할 수 있는 있는 이상적인 환경에서의 실험 결과로서 다음과 같은 내용들이 관찰된다.

(1) 어떤 물체에 일정한 크기의 힘 F를 지속적으로 가할 때, 물체의 가속도 a는 가해진 힘에 비례하여 발생한다. 즉, 힘이 커지면 발생한 가속도도 비례하여 커진다. 이 내용을 수식화하여 표현해보면 다음과 같다.

$$F \propto a \tag{3-1}$$

(2) 질량 m이 서로 다른 여러 개의 물체에 동일한 크기의 힘 F를 일정하게 가했을 때 발생하는 가속도는 각 물체의 질량 m에 반비례하여 발생한다.

$$a \propto \frac{1}{m} \tag{3-2}$$

같은 힘을 받더라도 질량이 큰 물체일수록 발생하는 가속도는 작아지게 된다. 즉, 질량이 큰 물체는 자신의 운동 상태를 바꾸려는 경향이 작다고 말할 수 있으며 다른 표현으로는 자신의 운동 상태를 유지하려는 경향이 크다고 할 수 있다. 따라서 질량은 관성의 정량화된 표현이라고 이해할 수 있다.

이 두 가지 내용은 우리 일상생활에서의 경험을 통해서도 어렵지 않게 느껴지고 이해할 수 있는 내용들이다. 이 두 개의 수식은 다음과 같은 하나의 수식으로 두 가지 내용을 모두 담을 수 있다.

$$F \propto ma \quad \rightarrow \quad F = kma \tag{3-3}$$

여기서 k는 비례상수인데 $k=1$로 설정하면 흔히 뉴턴의 제2법칙으로 알려진 $F=ma$라는 식이 된다. 이것은 뉴턴(1643 - 1727, 영국)이 만들어낸 뉴턴역학 체계의 핵심을 이룬다.

2. 실험 원리

본 실험의 내용은 $F=ma$라는 수식을 응용하여 물체의 질량을 알아내는 것이다. 물성을 측정하는 대부분의 실험에서는 측정하고자 하는 물성과 연관된 물리적인 외부 자극을 가하고 그에 대한 반응으로 나타나는 변화를 실험적으로 관찰하여 물리량을 알아내게 되는데, 이 실험에서는 일정한 크기의 힘을 물체에 가해주고 그에 따라 발생하는 운동 상태의 변화, 즉 가속도를 측정하여 $F=ma$라는 식에 의해 물체의 질량 m을 알아내게 된다. 질량을 알아내고자 하는 대상물은 실험세트 박스의 구성품인 스마트 카트인데, 이 부품은 힘, 위치, 속도, 가속도의 네 가지 물리량을 측정할 수 있는 센서 들을 내장하고 있고 측정된 데이터는 블루투스 통신으로 측정 프로그램인 Capstone에 전달되게 된다.

질량 측정을 위한 실험 셋업은 그림 3-1과 같다. 먼저 수평 상태인 트랙 위에 놓여있는 스마트 카트에 줄을 연결하고 이 줄은 pulley를 거쳐 질량 m인 추가 줄에 매달리게 된다.

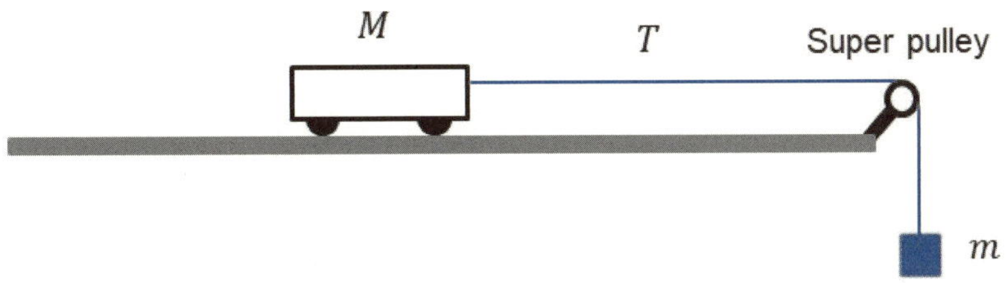

그림 3-1 | 질량 측정 실험 셋업.

수식 $F=ma$를 이용하기 위해서는 물체에 가해지는 힘의 크기 F와 움직이는 물체의 가속도 a를 측정해야 하는데, 줄을 연결하는 스마트 카트의 고리가 카트에 내장되어 있는 힘 센서에 연결되어 있고 스마트 카트의 속도 또는 가속도는 내장된 운동 센서로 측정이 되어 측정 프로그램으로 전달이 된다. 측정 셋업 그림에서 표시된 기호에 주의하여 살펴보면 구하고자 하는 스마트 카트의 질량은 M이고 줄에 달린 추의 질량이 m이다.

이 측정 셋업에서 우리가 관심을 가지고 살펴봐야 하는 운동하는 물체는 두 개가 있는데 트랙위에서 움직이는 스마트 카트와 낙하하는 추(정확하게는 추와 추걸이)이다.

추를 사용하는 이유는 스마트 카트를 움직이기 위한 일정한 크기의 힘을 가해주기 위함인데 이런 경우에 흔히 사용되는 것이 중력을 이용하는 방법이다. 낙하하는 추에 대한 운동방정식은 다음과 같다.

$$mg - T = ma \tag{3-4}$$

여기서 g는 중력가속도, T는 줄에 작용하는 장력, a는 낙하하는 추가 가지게 되는 가속도로서 장력을 전달하는 줄이 탄성이 없다는 가정 하에 스마트 카트의 운동 가속도와 같은 값을 가지게 된다.

한편 스마트 카트에 대한 운동방정식을 살펴보면 다음과 같다.

$$F = T - f = Ma \tag{3-5}$$

T는 스마트 카트를 움직이게 하는 줄이 잡아당기는 장력이고 f는 미세하게나마 현실적으로 존재하는 스마트 카트의 움직임을 방해하는 마찰력, F는 스마트 카트에 작용하는 모든 힘의 합력인 알짜힘, a는 알짜힘에 대해 실제로 관측되는 움직이는 물체의 가속도, 즉 겉보기 가속도이다. f를 구성하는 요소들은 스마트 카트의 바퀴와 트랙 사이에서의 마찰력, 스마트 카트의 바퀴 회전축과 회전축을 지지하는 베어링에서의 마찰력, 스마트 카트에 발생하는 공기저항력 등이 해당된다.

식 3-5를 조금 정리해보면

$$T = Ma + f \tag{3-6}$$

와 같이 쓸 수 있는데 여기서 a를 가로축 변수로, T를 세로축 변수로 하여 식 3-6에 대한 그래프를 그려보면 그림 3-2와 같다.

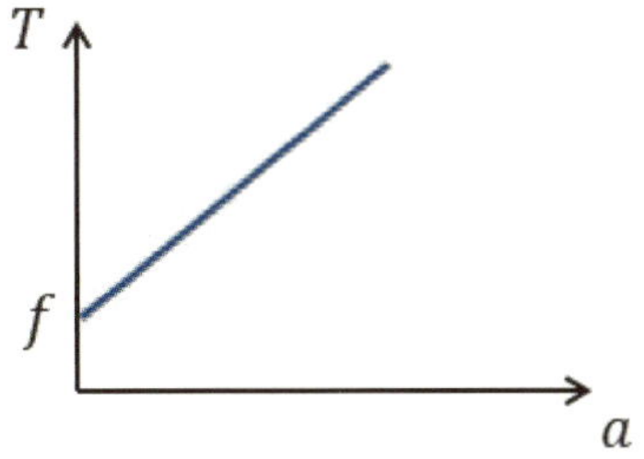

그림 3-2 | 장력 T와 가속도 a에 대한 그래프.

다시 한 번 유의할 점은 식 3-5에서 스마트 카트를 움직이게 하는 힘은 장력 T이고 스마트 카트의 힘 센서가 측정하는 힘은 식 3-5에서의 알짜힘 F가 아니고 장력 T이다. 식 3-6에서의 마찰력 f는 그림 3-2에서 y축 절편으로 나타나게 된다. 따라서 식 3-6과 그것의 그래프인 그림 3-2에서 카트의 질량 M은 그래프의 기울기에 해당한다.

그런데 식 3-6에서 장력 T와 가속도 a는 측정을 통해서 얻을 수 있지만 하나의 수식 안에 모르는 질량 M과 미지의 마찰력 f가 동시에 존재하기 때문에 질량 M은 단 한 번의 측정으로는 구할 수 없다는 점을 알 수 있다. 따라서 그림 3-2와 같은 그래프를 측정을 통해서 구현해내기 위해서는 여러 가지 가속도 값 a와 각각에 해당하는 T를 측정해야 하는데, 추의 질량을 여러 값들로 다르게 함으로써 다양한 가속도 값 a를 만들어낼 수 있다.

3. 마찰력 실험

앞서 살펴본 내용은 그림 3-1에서와 같이 힘을 받아 운동하는 미지의 질량을 가진 물체가 하나인 경우이며 바퀴가 달린 카트이기 때문에 아주 작은 마찰력만 존재한다. 두 번째 실험으로 움직이는 물체를 하나 더 추가하고 비교적 작지 않은 마찰력이 발생하는 경우를 구현하여 실험 상황을 만들어본다.

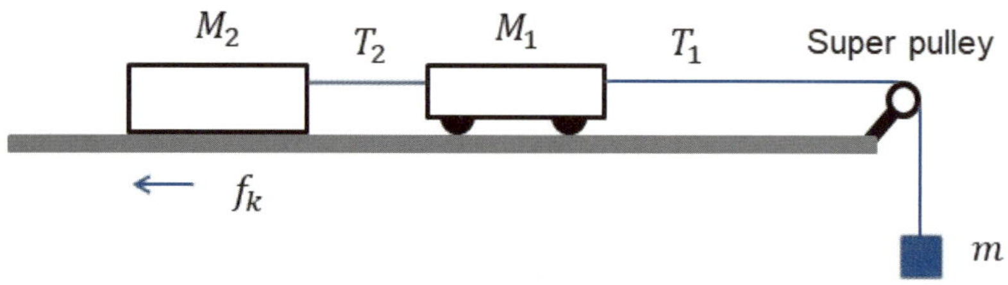

그림 3-3 | 마찰력이 크게 작용하는 물체의 가속운동.

그림 3-3은 운동 트랙 위에 질량 M_1을 가진 바퀴달린 스마트 카트가 pulley에 걸쳐져 매달린 추에 가해지는 증력 mg의 영향으로 줄을 통해 전달된 장력 T_1으로 움직이게 되는 경우인데, 카트 뒤에 질량 M_2인 friction block이 줄로 연결되어 장력 T_2에 의해 움직이게 된다. 실험에서 사용하는 줄은 탄성이 없기 때문에 추, 스마트 카트, friction block 모두 같은 가속도를 가지고 운동하게 된다. friction block은 바퀴 같은 구조물이 없기 때문에 friction block의 표면과 운동트랙의 표면 사이에서의 마찰력이 크게 존재한다. 스마트 카트에 대한 알짜힘의 운동방정식을 세워보면

$$F_1 = M_1 a = T_1 - T_2 \tag{3-7}$$

이다. 추에 연결된 줄이 스마트 카트의 힘센서에 연결되어 있기 때문에 힘센서가 측정하는 것은 장력 T_1이 된다.

friction block에 대해서도 알짜힘의 운동방정식을 세워보면 다음과 같다.

$$F_2 = M_2 a = T_2 - f_k \tag{3-8}$$

여기서 f_k는 friction block이 받게 되는 운동마찰력이 된다. 식 3-7과 3-8을 연립하면 스마트 카트의 힘센서가 측정하는 힘 T_1은 다음과 같이 쓸 수 있다.

$$T_1 = (M_1 + M_2) a + f_k \tag{3-9}$$

이 식에 대해 첫 번째 실험내용과 마찬가지로 추의 질량에 따라 결정되는 여러 가지

a값에 대해 측정된 힘 T_1과의 그래프를 그리게 되면 직선의 기울기는 M_1+M_2가 되고 T_1축 절편은 운동마찰력 f_k이기 때문에 friction block의 미지의 질량 M_2와 운동마찰력 f_k를 구할 수 있다. friction block 위에 질량을 더해주게 되면 우리가 알고 있는 운동마찰력의 표현인

$$f_k = \mu_k M_2 g \tag{3-10}$$

에서 f_k가 M_2에 비례한다는 내용을 확인할 수 있고 운동마찰계수 μ_k를 실험적으로 구할 수 있다.

4. 스마트 카트

실험에 사용되는 무선 스마트 카트는 위치 및 속도측정 센서, 가속도 측정 센서, 자이로 센서, 힘 센서가 내장되어 있다. 위치 및 속도 측정은 기본적으로 회전운동 센서를 사용하여 이루어지는데 이 부분의 측정 원리는 7.탄도진자 편에 센서의 작동원리가 설명되어 있다. 힘 센서의 측정원리를 간단하게 설명해보면, 그림 3-4(a)와 같이 힘을 받는 구조물인 load cell에 그림 3-4(b)와 같은 strain gauge가 부착되어있는 것이 힘 센서의 구조이다.

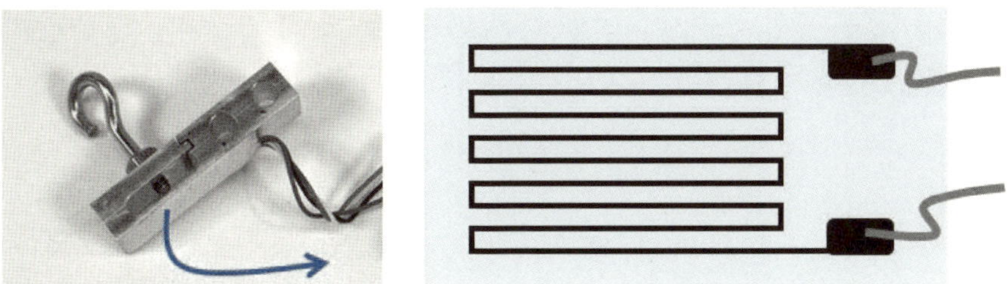

(a) (b)

그림 3-4 | 힘 센서의 구조. (a) load cell, (b) strain gauge.

load cell에 힘이 가해지면 물리적인 크기의 변형이 수반된다. 이 때 load cell에 부착된 strain gauge의 길이가 늘어나거나 줄어들 수 있는데 이에 따라 strain gauge를 구성하는 물질의 길이 변형에 따라 전기저항의 크기가 달라지게 된다. 이러한 미세한

저항 크기의 변화는 2학기 때 다루게 되는 Wheatstone bridge 회로를 이용하여 미세한 전압의 변화로 전환될 수 있고 힘의 크기에 대해 이 신호를 보정하면 가해진 힘의 크기를 읽을 수 있는 힘 센서가 된다.

3 실험 기구 및 장치

실험세트 박스 : Newton

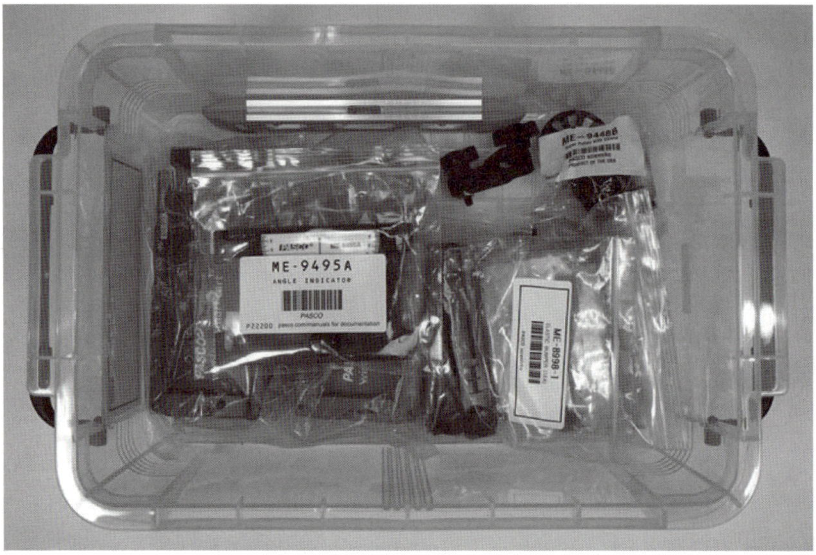

그림 3-5 | 실험세트 박스 수납상태.

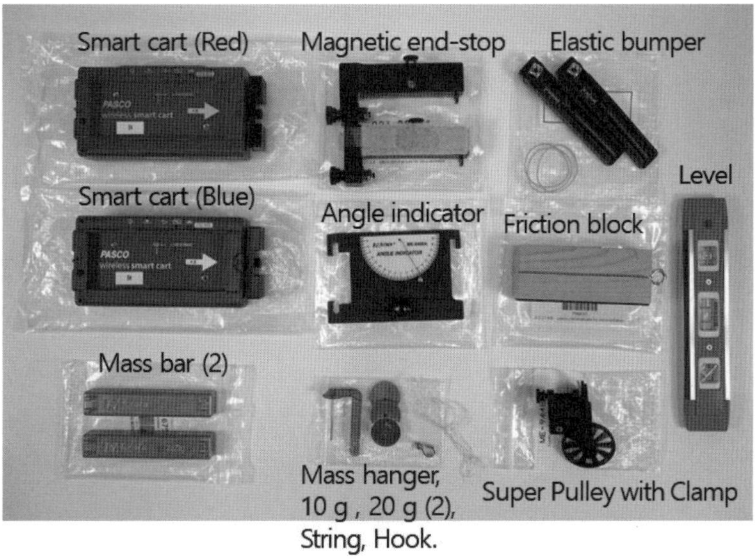

그림 3-6 | 실험세트 수납 내용물.

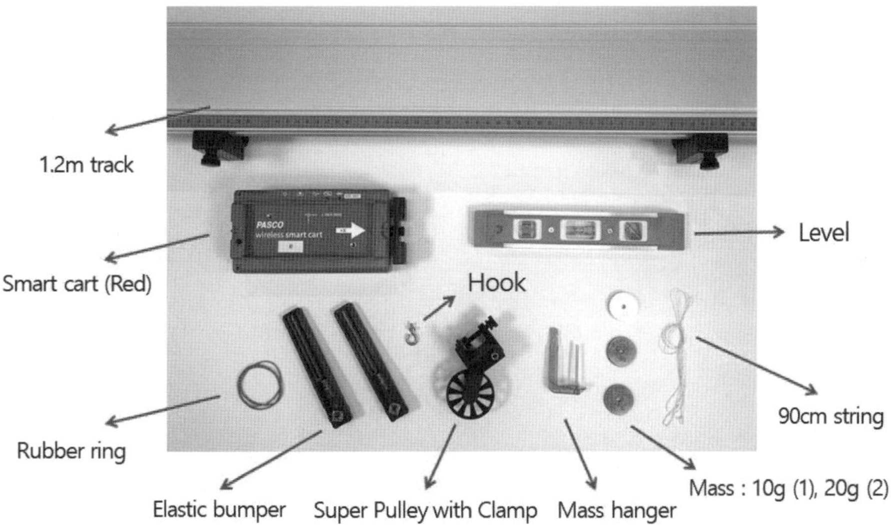

그림 3-7 | 뉴턴법칙 실험 필요 부품.

박스 외 부품인 1.2 m 운동 트랙은 부품보관실 악세사리 수납 카트에서 가져온다.

유의사항

1. 실험에 필요한 부품을 그림 3-7에서 확인한 후 보관 박스에서 꺼내고 보관 박스는 PC 모니터 뒤쪽 바닥에 옮겨놓은 후 실험을 시작한다.
2. 수납 시 그림 3-6의 내용물을 확인한 후 부품별 수납 비닐봉지에 물품들을 넣고 지퍼가 있을 경우 지퍼를 닫는다. 그림 3-5와 같이 원래의 상태로 수납이 되도록 한다. 박스의 방향이 바뀌지 않도록 주의하며, 박스의 라벨은 왼쪽에 위치하도록 한다. 모든 물품은 사용 후 원래의 보관 장소와 위치로, 원래의 보관 상태로 정리되어야 한다.
3. 기다란 선이 있는 센서 등을 박스에 보관할 때 선을 정리한 후 보관용 비닐봉지에 수납한다.
4. 실험 종료 후 그림 3-8과 같이 정리해 놓는다. PC와 850 인터페이스의 전원은 OFF 시킨다. 퇴실 시 정리 상태를 확인받고 퇴실한다.

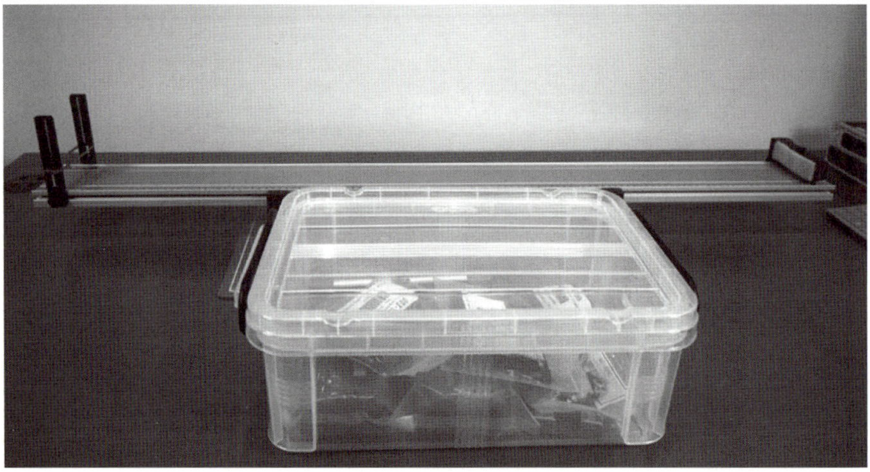

그림 3-8 | 실험 후 정리된 실험테이블의 모습.

4 실험 셋업

주의사항

Red, Blue 스마트 카트는 바퀴축의 회전마찰이 매우 작기 때문에 실험테이블 위에 놓았을 때 테이블 면에 조금이라도 경사가 존재하면 스스로 움직여서 추락할 수 있다. 따라서 스마트 카트는 운동 트랙의 안전장치가 설치된 이후 수납박스에서 꺼내 트랙 위에 놓는다.

1. 1.2 m 운동 트랙을 실험테이블의 커팅매트 위에 설치한다. 이 때 운동트랙의 노란색 길이자 부분이 교탁을 바라보는 위치에서 보았을 때 정방향 글자로 보이도록 트랙의 방향을 설정한다.
2. 그림 3-9, 3-10을 참조하여 운동트랙의 왼쪽 끝에는 세로막대형 elastic bumper를, 오른쪽 끝에는 PE폼이 붙어있는 magnetic end-stop을 설치한다. elastic bumper에는 그림 3-10, 3-11과 같이 세 가닥의 노란 고무줄을 걸어 놓는다.

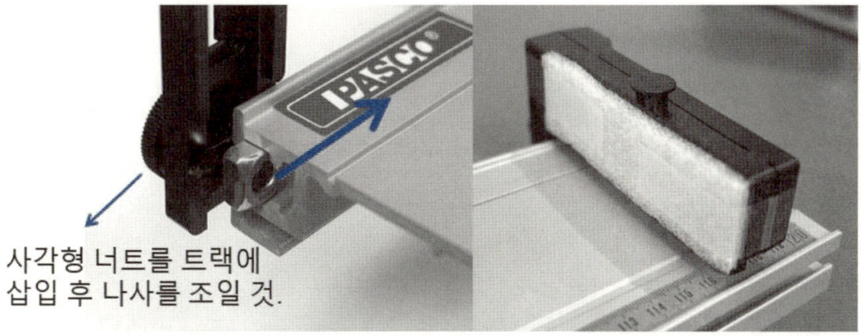

그림 3-9 | 운동 트랙 카트 추락 방지용 elastic bumper와 magnetic end-stop의 설치 모습.

[주의사항]

보관 시 elastic bumper의 사각형 너트가 나사에서 완전히 풀려나가지 않도록 유의한다. 분실의 위험성이 높은 부품이다.

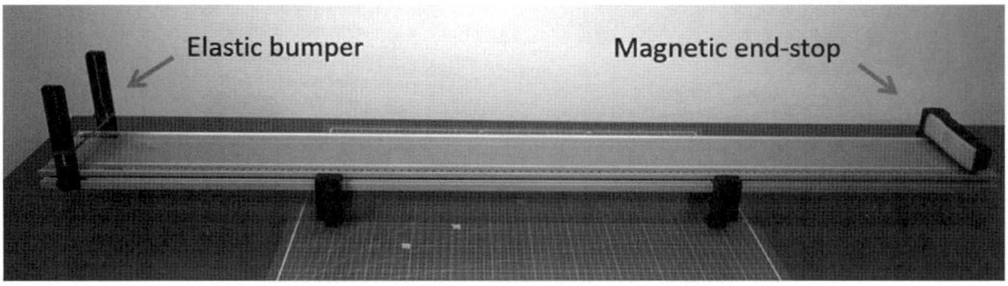

그림 3-10 | 운동 트랙 카트 추락 방지용 안전장치의 설치.

3. 트랙의 좌측 끝부분에 그림 3-11과 같이 clamp가 달린 pulley를 설치한다.

그림 3-11 | pulley의 설치 모습.

4. 트랙의 중심부에 수평계를 놓고 좌우 수평을 맞추기 위해 트랙 지지대의 나사를 풀거나 조이면서 수평을 확인한다.

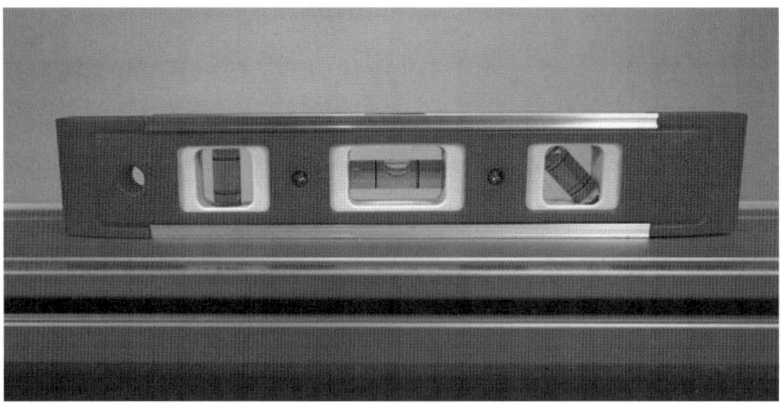

그림 3-12 | 수평계를 이용한 트랙의 수평 확인.

5. Red 스마트 카트에 magnetic bumper가 부착되어 있다면 나사를 풀어서 해제하고 hook를 그 자리에 설치한다. (그림 3-13)
Red 스마트 카트를 트랙위에 설치한다. 스마트 카트의 바퀴가 운동트랙의 골에 정확히 들어갔는지 확인하기 위하여 카트를 좌우로 움직여 보면서 살펴본다.
수평계를 이용한 트랙의 수평 확인은 불완전할 수 있다. 따라서 카트를 조금씩 좌우로 움직여보면서 스마트 카트가 스스로 움직이지 않도록 트랙 지지대의 받침 나사를 미세 조절한다.

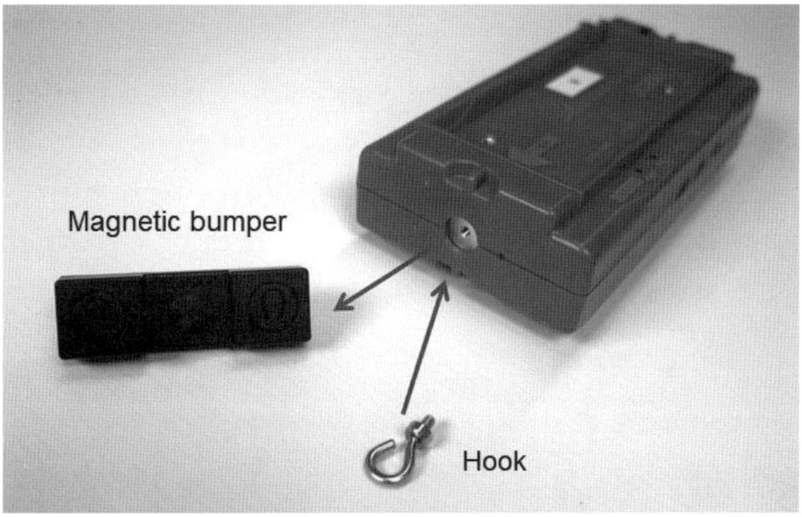

그림 3-13 | 스마트 카드 Hook 설치.

6. 세트 박스에 동봉된 약 90 cm 길이의 줄을 풀어서 한쪽 끝은 카트의 고리에 걸고 다른 쪽 끝은 추걸이에 걸어서 그림 3-11처럼 pulley에 걸친다. 카트가 elastic bumper의 고무줄에 닿아 있는 상태에서 추걸이가 실험실 바닥에 닿지 않도록 elastic bumper의 위치를 조절한다. (그림 3-14 참조)

그림 3-14 | 최저 높이 추걸이의 적절한 위치.

7. 스마트 카트를 pulley 반대방향으로 최대한 잡아당긴 상태에서 발생하는 줄의 수평 부분이 운동 트랙 표면과 수평이 되도록 pulley의 각도를 조절한다. (수평이 아니면 무슨 문제가 발생하는지 생각해본다)

5 실험 방법

1. 실험대 PC의 바탕화면 우측 상단에서 '1학기 실험' 폴더를 찾아 '뉴턴법칙.cap' 파일을 더블클릭하여 측정용 소프트웨어를 시작한다. 센서의 sampling rate는 100 Hz를 사용한다.
2. 스마트 카트 옆면의 전원스위치를 눌러 카트를 ON 시킨다. ON 상태에서는 카트의 Bluetooth 표시등이 주기적으로 깜박인다.
3. 측정 프로그램의 왼쪽 세로방향으로 배치된 tool 메뉴에서 Hardware setup 버튼을 누르면 그림 3-15와 같이 850 인터페이스에 연결된 센서들이 표시되는데, Bluetooth를 이용해서 850에 연결되는 무선기기들은 측정 프로그램을 새로 구동시킬 때마다 인식시켜주어야 한다.

   Hardware setup 버튼을 눌렀을 때 연결이 필요하지만 연결되지 않은 센서의 경우 그림 3-15 가운데 그림처럼 노란색 삼각형 표시가 뜨게 된다. 해당 팝업 창의 맨 아래를 보면 고유인식번호 244-164와 같은 연결 가능한 무선 센서 들이 목록에 나타나는데, 각 실험테이블에 배정된 실험세트 보관박스에서 사용하고자 하는 무선기기의 고유인식번호를 파악한 후 센서 목록에서 찾아 클릭하면 무선기기가 인식된다. 인식이 성공적이면 아래 오른쪽 그림과 같이 노란색 삼각형 주의표시가 사라지게 되고 센서의 기능목록의 글자들이 선명하게 바뀐다.

Hardware setup 버튼을 다시 누르면 팝업 창은 사라진다.

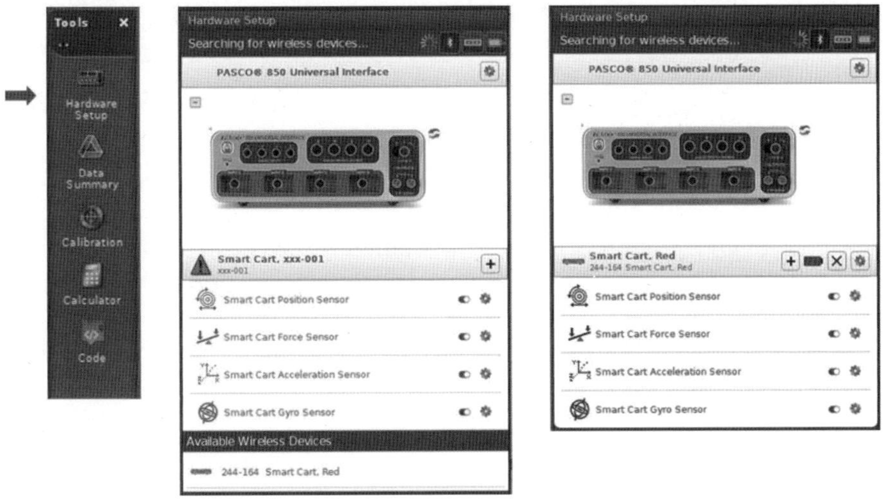

그림 3-15 | 스마트 카트의 무선 연결 과정.

4. 그림 3-16(a)와 같이 힘 센서의 hook에 연결된 줄이 장력을 가하지 않도록 느슨하게 한 후에, 다시 그림 3-15의 오른쪽 그림과 같은 팝업창을 열어 Smart cart force sensor의 property 버튼 을 누르면 그림 3-16(b)와 같은 창이 열린다. 'Zero Sensor Now' 버튼을 눌러 힘 센서의 0점 조정을 실시한다.

   측정 프로그램의 RECORD 버튼을 눌러 줄의 장력이 가해지지 않는 상태에서 그래프에 나타나는 측정된 힘이 0이 되었는지 확인하고 STOP을 눌러 측정을 중단한다.

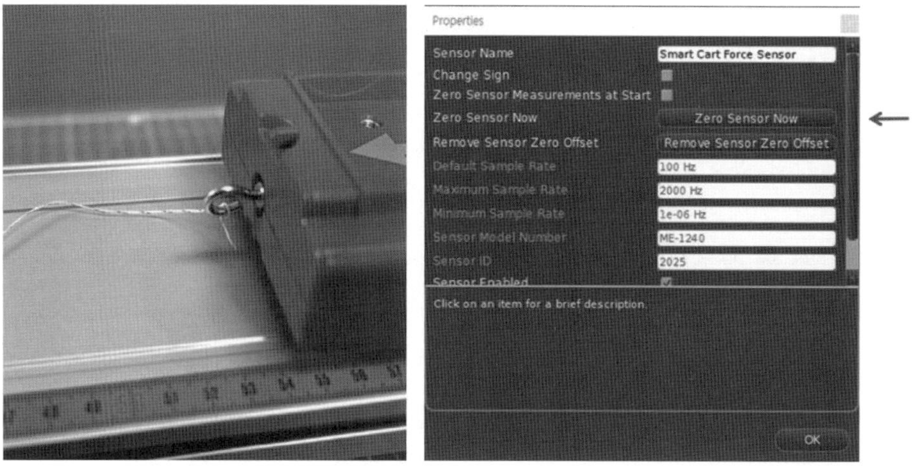

(a) (b)

그림 3-16 | 스마트 카트 힘 센서의 0점 조정.

5. 추걸이에 10 g의 추를 올린 후 추걸이가 pulley 에 닿지 않는 범위 내에서 카트를 pulley의 반대 방향으로 최대한 멀리 잡아당긴 상태로 만든다.
   측정용 프로그램의 하단에 있는 RECORD 버튼을 누른 후 1-2초가 경과한 후에 붙잡고 있던 카트를 놓아준다.

[주의사항]

(1) 운동과정에서 줄이 수평을 이루도록 pulley의 각도를 조정하고 특히 elastic bumper에 설치한 고무줄이 카트를 움직이는 줄에 닿지 않도록 주의한다.
(2) 추가 낙하하면서 흔들거리지 않도록 낙하 전에 안정시킨다. (흔들거리면서 낙하할 경우의 물리적인 문제점을 생각해본다)

6. 카트가 elastic bumper 에 부딪힌 후 2-3회 반동운동을 한 후에 측정 프로그램의 STOP 버튼을 눌러 데이터 측정을 종료시킨다.
7. 측정이 성공적이면 카트의 속도와 힘 센서 데이터는 아래 그림 3-17과 같이 얻어지게 된다.

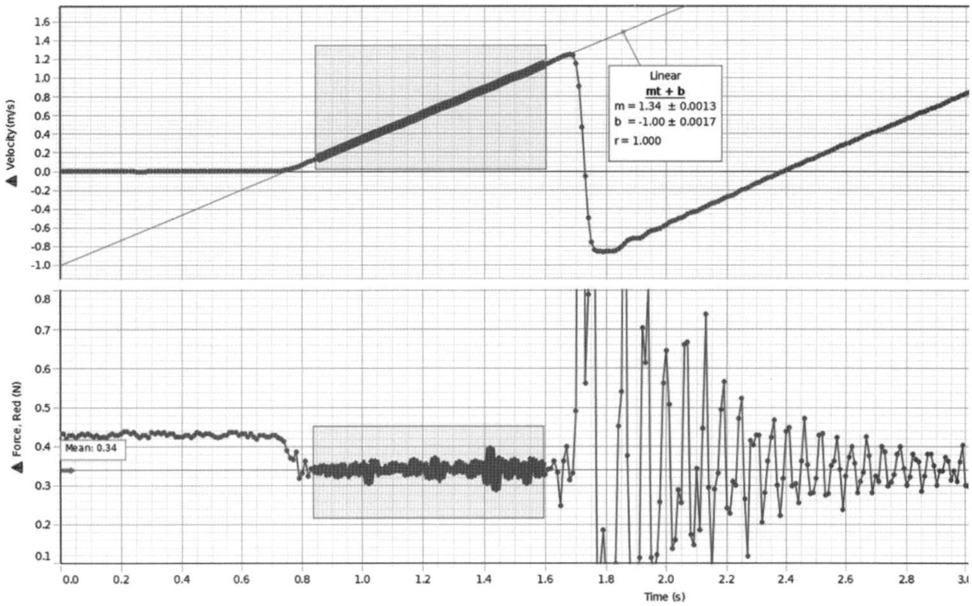

그림 3-17 | 측정 사례.

8. 속도 측정 그래프에서 첫 번째 가속구간을 찾아 분석할 데이터 영역을 설정한 후 그래프 fitting 기능을 이용하여 1차 곡선의 기울기, 즉 가속도를 찾아낸 후 프로그램의 analysis 창에서 추의 질량과 가속도, 힘을 기록한다. 이 때 힘은 시간적으로 동일한 힘 데이터 구간에서 작용하는 힘의 평균값을 구하여 기록한다.
9. 추 + 추걸이의 질량이 각각 25 g, 35 g, 45 g, 55 g인 경우에 대해 앞의 과정 5 ~ 8을 반복하여 진행한다. 참고로 스마트 카트 힘 센서의 0점 조정 작업은 매번 할 필요는 없고 힘 센서를 850 인터페이스에 처음 연결하여 전원이 가해졌을 때 초기에 한 번만 수행하면 된다. 센서를 인터페이스와 분리하였다가 다시 연결했을 경우이거나 Capstone 프로그램을 다시 열었을 때는 0점 조정 작업을 다시 진행해야 한다.

1. 실험측정값 및 계산

(1) 스마트 카트의 질량 측정

저울로 측정한 스마트 카트의 질량 (고리 포함) : 253.4 g

추 + 추걸이 질량	가속도 a (m/s^2)	힘 (N)
15 g		
25 g		
35 g		
45 g		
55 g		

Analysis 그래프에서 구한 값

기울기		y 절편	

(2) 스마트 카트 + 250 g 질량막대기의 질량 측정

저울로 측정한 스마트 카트의 질량 (고리 포함) : 503.4 g

추 + 추걸이 질량	가속도 a (m/s^2)	힘 (N)
15 g		
25 g		
35 g		
45 g		
55 g		

Analysis 그래프에서 구한 값

기울기		y 절편	

(3) friction block의 질량과 운동마찰계수 측정 (그림 3-3 셋업)

M_2 = friction block

추 + 추걸이 질량	가속도 a (m/s^2)	힘 (N)
g		
g		
g		
g		
g		

기울기		y 절편	

M_2 = friction block + 50 g 추

추 + 추걸이 질량	가속도 a (m/s^2)	힘 (N)
g		
g		
g		
g		
g		

기울기		y 절편	

M_2 = friction block + 100 g 추

추 + 추걸이 질량	가속도 a (m/s^2)	힘 (N)
g		
g		
g		
g		
g		

기울기		y 절편	

스마트 카트의 질량 M_1은 앞에서 구한 값을 이용하고 위 결과를 바탕으로 M_2와 μ_k를 구한다.

2. 실험 분석 질문

(1) 실험데이터 분석에서 얻은 y 절편은 작지만 0이 아닌 값이 항상 얻어진다. y 절편이 의미하는 바는 무엇인가? y 절편은 항상 같은 값이 나오지는 않는데, 이에 영향을 미치는 인자들은 무엇이 있을지 논의해본다.

(2) 그림 3-1과 같이 스마트 카트의 질량을 측정하기 위해 그림 3-2의 가속도-힘 그래프를 구해보면, $+$ 값으로 나타나는 y축 절편인 마찰력 f가 경우에 따라서는 $-$ 값으로 나타날 수도 있다. 어떤 이유로 인해 이런 경우가 가능한지 현실적인 이유를 추론해본다.

(3) 만약 스마트 카드 위에 질량막대기를 얹어서 움직이는 물체의 질량을 대략 2배 또는 3배로 만든 후 실험을 했을 경우, 그 때 구한 그림 3-2의 y 절편은 지금 우리가 실험한 경우에 비해 어떻게 변화할지, 그 이유는 무엇인지 추론해본다.

(4) 그림 3-1의 실험 셋업에서 사용되는 줄이 고무줄처럼 탄성을 가진 줄이면 어떤 문제점이 발생할지 생각해본다.

(5) 그림 3-1의 실험 셋업에서 사용되는 pulley의 역할은 무엇이고 pulley의 존재가 실험에 어떤 영향을 미치는지 생각해본다.

(6) 그림 3-11에서 스마트 카트와 pulley 사이의 줄은 지면과 평행해야 한다. 그렇지 않을 경우 측정에서 생길 수 있는 문제는 무엇인지 생각해본다.

(7) 추가 낙하할 때 흔들거리지 말아야 한다. 추가 흔들리면서 낙하할 경우 측정에서 생길 수 있는 문제는 무엇인지 생각해본다.

4. 역학에너지 보존

1 실험 목적

어떤 계(system)가 외부와 고립되어 있을 때, 즉 외부로부터의 힘의 전달이 차단되어 있을 때, 이 계의 역학에너지(mechanical energy)는 계를 구성하는 물체들의 운동에너지(kinetic energy)와 퍼텐셜에너지(potential energy)의 합이다. 만약 마찰력과 같은 비보존력의 영향이 없다면, 운동에너지와 퍼텐셜에너지는 각각 변할 수는 있지만 그 합인 역학에너지는 일정하게 보존된다. 운동하는 물체를 관측하여 이러한 내용을 실험을 통해 알아본다.

2 이론 및 원리

1. 운동에너지

역학에서의 일(work)은 물체에 작용하는 힘을 통해 물체에 전달된 에너지를 의미한다. 힘의 작용에 의해 운동하는 물체는 속도의 변화를 얻게 되는데, 등가속도 운동의 경우를 예로 들어 보면 낙하운동 실험에서 살펴본 바와 같이 질량 m 인 물체가 일정한 크기의 힘을 지속적으로 받으면서 1차원 운동을 하는 경우 힘을 받기 시작한 이후로 t 만큼의 시간이 지났을 때 가지는 속도와 이동거리는 각각 다음과 같다.

$$v(t) = v(0) + at \tag{4-1}$$

$$x(t) = x(0) + v(0)t + \frac{1}{2}at^2 \tag{4-2}$$

여기서 편의상 $x(0) = x_0$, $v(0) = v_0$로 바꾸어 표현하고 식 4-1로부터 시간을 나타내보면

$$t = \frac{v - v_0}{a} \tag{4-3}$$

인데, 이것을 식 4-2에 대입하면 다음과 같다.

$$x = x_0 + v_0\left(\frac{v - v_0}{a}\right) + \frac{1}{2}a\left(\frac{v - v_0}{a}\right)^2 \tag{4-4}$$

이것을 정리하면 물체가 힘을 받는 동안에 가지게 되는 가속도를 얻을 수 있다.

$$2a(x - x_0) = v^2 - v_0^2 \quad \rightarrow \quad a = \frac{1}{2d}(v^2 - v_0^2) \tag{4-5}$$

여기서 $d = x - x_0$는 변위로 물체가 힘을 받는 동안, 즉 가속운동을 하는 동안 물체가 움직인 거리에 해당한다. 이렇게 해서 구해진 가속도를 질량과 곱하게 되면 물체에 가해진 힘을 구할 수 있다.

$$F = ma = \frac{m}{2d}(v^2 - v_0^2) \tag{4-6}$$

여기서 잠깐 식 4-6에 대한 해석의 시간을 가져본다. 질량 m인 대포알이 속도 v로 날아가고 있을 때, 대포알이 타격하는 물체에 대한 파괴력의 정도는 대포알의 질량 m과 날아가는 속도 v와는 상관관계가 있지만 그 대포알이 얼마나 긴 거리를 움직이면서 속도 v로 가속되었는지는 대포알의 파괴력과는 무관한 내용이다. 따라서 식 4-6의 우변을 대포알의 파괴력과 직접적인 관련이 있는 변수인 m과 v로만 정리해보면

$$F d = \frac{1}{2} m (v^2 - v_0^2) \tag{4-7}$$

이 된다. 대포알이 타격하고자 하는 대상물과 충돌이 일어나기 전까지는 파괴 작용이 아직 발생하지는 않았기 때문에 충돌하는 대상물을 파괴할 수 있는 능력을 지니고 있는 상태로 이해할 수 있다. 이 때 '파괴할 수 있는 능력'은 앞서 살펴본 바와 같이 대포알의 질량 m과 운동속도 v와 관련이 있기 때문에 식 4-7에 나타난 $\frac{1}{2}mv^2$이라는 항을 운동하고 있는 물체가 지닌 '파괴할 수 있는 능력', 즉 운동에너지라고 해석할 수 있다. 운동에너지는 K 또는 E_K로 문자화하여 표시한다.

$$K = \frac{1}{2} m v^2 \tag{4-8}$$

이와 같은 용어상의 정의를 내리면 식 4-7은 움직이는 물체가 힘 F를 받는 상태로 진행거리 d만큼 움직여서 운동에너지가 초기 상태의 $\frac{1}{2}mv_0^2$에서 나중 상태의 값 $\frac{1}{2}mv^2$으로 증가하였다고 표현할 수 있다. 이 때 운동에너지를 증가시킨 원인은 가해진 힘 F이다. 따라서 이론 부분 초반부에 표현하였던 '일은 물체에 작용하는 힘을 통해 물체에 전달된 에너지이다'라는 개념적 정의를 따르면 식 4-7을 일 W에 대한 정량화된 정의로 사용할 수 있다. 즉, 어떤 물체가 일정한 크기의 힘 F를 받으면서 거리 d만큼 움직였을 때 힘이 물체에 한 일은

$$W = F \cdot d \tag{4-9}$$

라고 쓸 수 있다. 이 수식의 표현에서 우리가 일상생활의 용어로 사용하는 일의 개념과도 일맥상통하는 부분이 있다는 점을 느낄 수 있다.

2. 퍼텐셜에너지

식 4-9는 3차원 물리량들에 대한 일반화를 위해 다음과 같은 벡터식으로 표현된다.

$$W = \vec{F} \cdot \vec{d} \tag{4-10}$$

우리가 일상생활에서 가장 쉽게 찾을 수 있는 일정한 크기의 힘은 중력이다. 중력이 작용하고 있는 공간에서 다음과 같이 공을 떨어뜨리는 실험을 한다고 가정하자.

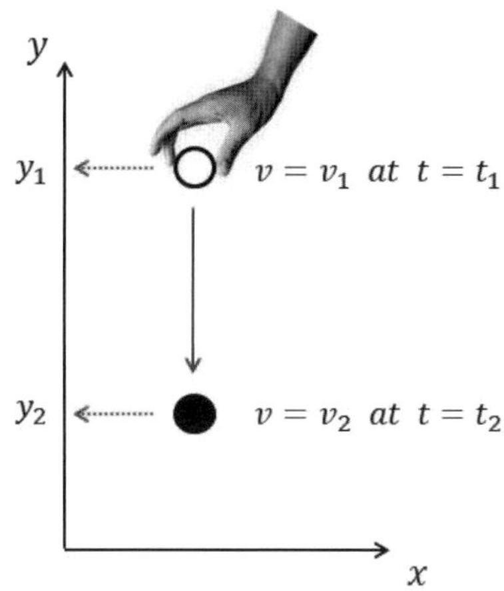

그림 4-1 | 중력을 받는 물체가 $y = y_1$에서 $y = y_2$로 움직이는 운동.

이 때 중력이 한 일을 식 4-10을 이용하여 계산해보면

$$W = \vec{F} \cdot \vec{d} = (-mg\,\hat{y}) \cdot (y_2 - y_1)\,\hat{y} = -mgy_2 + mgy_1 \tag{4-11}$$

와 같다. 여기서 $\hat{y}$는 y축 방향으로의 크기가 1인 단위벡터이다. 이 식을 식 4-7과 같게 놓으면 다음과 같은 결과를 얻을 수 있다.

$$-mgy_2 + mgy_1 = \frac{1}{2}m(v_2^2 - v_1^2)$$

$$\rightarrow \quad \frac{1}{2}mv_1^2 + mgy_1 = \frac{1}{2}mv_2^2 + mgy_2 \tag{4-12}$$

여기서 새로운 형태의 에너지가 관찰이 되는데 mgy라는 물리량은 운동에너지와 더해질 수 있기 때문에 에너지의 한 형태로 해석할 수 있고 mg라는 항은 식 4-11에서 중

력으로부터 기원이 된 것이고 지면으로부터 물체의 높이인 y라는 위치값을 포함하고 있기 때문에 mgy는 다음과 같이 중력 퍼텐셜에너지 U로 명명되었다. (퍼텐셜에너지는 위치에너지로 번역되기도 한다.)

$$U(y) = mgy \tag{4-13}$$

식 4-12가 가지는 물리적인 의미는 어떤 시점 $t = t_1$에서의 운동에너지 K_1과 중력 퍼텐셜에너지 U_1의 합은 시점 $t = t_2$에서의 운동에너지 K_2와 중력 퍼텐셜에너지 U_2의 합과 같다는 것인데, 항상 중력이 작용하는 상황에서 시간 t_1과 t_2의 선택은 임의적인 것일 수 있기 때문에 이것을 종합하면 운동에너지 K와 퍼텐셜에너지 U의 합인 역학에너지는 시간과 무관하게 항상 일정하게 보존되는 값이라는 것을 알 수 있다. 이것을 역학에너지 보존법칙이라고 한다.

$$E = K + U = \frac{1}{2}mv^2 + mgy = constant \tag{4-14}$$

3. 실험 원리

그림 4-1과 같이 수직 낙하운동으로 물체를 떨어뜨리고 낙하하는 물체의 위치와 속도를 측정하여 식 4-12에 나타난 각 에너지 항들을 구해서 에너지 보존법칙을 확인해보는 것도 가능할 것이다. 그러나 중력가속도로 낙하하는 물체의 낙하속도는 빠른 편이기 때문에 빠르게 변화하는 물리량의 측정은 그만큼 큰 오차를 수반하게 된다. 따라서 충분한 측정 정밀도를 유지할 수 있도록 중력가속도보다는 작은 가속도로 일정한 크기의 힘이 물체에 작용할 수 있게 하는 방법은 수직 낙하운동이 아닌 경사면을 따라서 중력에 의해 움직이는 운동을 발생시키는 것이다.

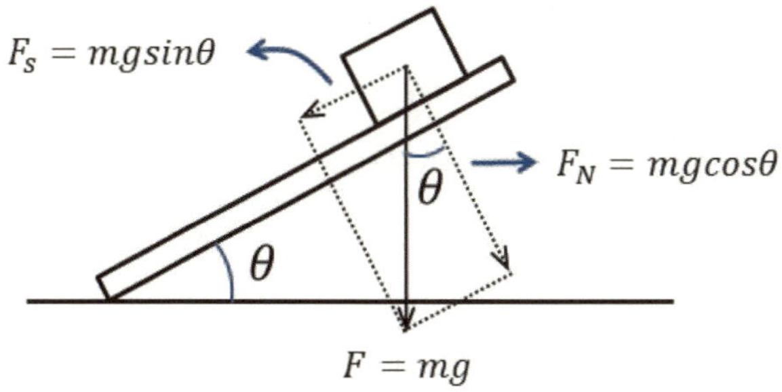

그림 4-2 | 중력의 영향을 받는 물체가 빗면을 따라 미끄러져 내려오는 운동.

그림 4-2에서 중력의 영향을 받아 마찰이 없는 기울어진 빗면을 미끄러져 내려오는 물체의 운동을 살펴보자. 수직 방향으로 작용하는 중력 F를 물체가 운동하는 빗면과 평행한 방향으로의 힘 성분 F_S와 빗면에 수직한 방향으로의 힘 성분 F_N으로 벡터 분해하여 살펴보면 다음과 같다.

$$F_S = mg\sin\theta = ma \quad (4\text{-}15)$$

$$F_N = mg\cos\theta \quad (4\text{-}16)$$

따라서 빗면을 따라서 미끄러져 내려오는 물체의 운동 가속도는 $a = g\sin\theta$로 중력가속도 g보다는 더욱 작아진 값으로 구현할 수 있다.

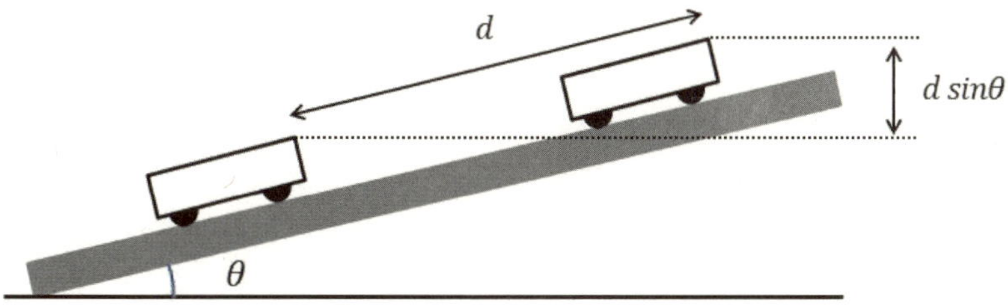

그림 4-3 | 빗면을 이용한 역학에너지 보존 측정 셋업.

그림 4-3과 같이 기울어진 빗면의 상단에서 스마트 카트를 잡고 있다가 놓으면 가속도 $a = g\sin\theta$로 스마트 카트가 직선운동을 하면서 내려오게 되는데, 이 때 카트에 내장된 거리센서의 정보로부터 카트가 움직인 거리와 속도의 변화를 측정 프로그램에서 확

인할 수 있다. 측정이 문제없이 진행되었다면 그림 4-4와 같은 측정 그래프들을 얻을 수가 있는데, 왼쪽의 속도와 거리 측정 그래프에서 그림과 같이 특정한 다섯 개의 시점을 정하고 각각의 시점에서의 카트의 위치와 속도를 구한 뒤 식 4-8, 4-13, 4-14의 표현을 이용하여 운동에너지, 퍼텐셜에너지, 역학에너지를 구해서 운동하는 과정에서 발생하는 에너지의 변화를 비교, 분석해본다.

실험값 계산 시 한 가지 주의할 점은 그림 4-3에 나타나 있듯이 스마트 카트의 운동 변위 d는 퍼텐셜에너지에서의 높이 변화 y와는 $y = d\sin\theta$의 관계를 가진다.

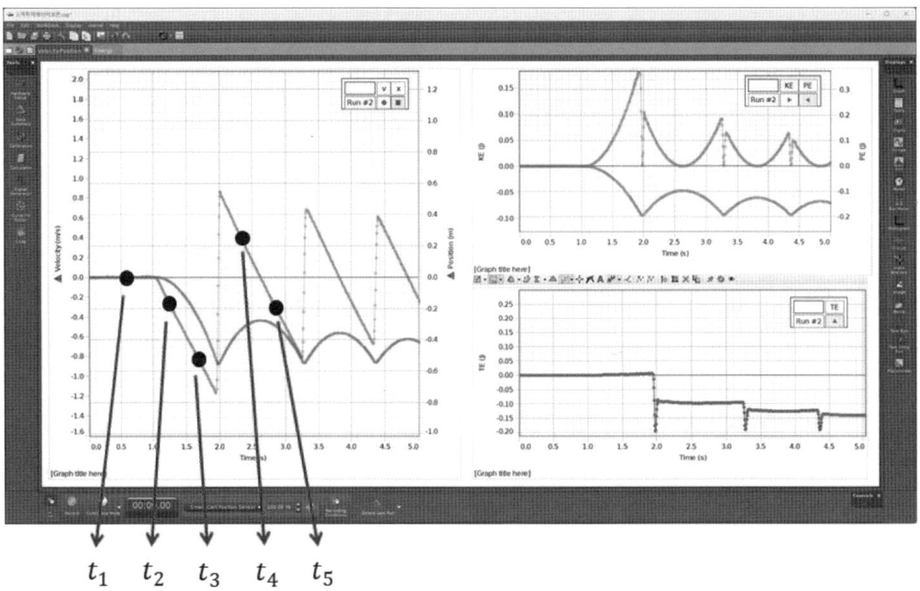

그림 4-4 | 측정 프로그램에 나타난 측정 사례. 그림과 같이 다섯 개의 측정 포인트에 대한 속도와 위치 값들을 기록하여 에너지 값들을 구한다.

변위의 기준점, 즉 높이가 0이 되는 지점은 아무 곳을 선택해도 무방하지만, 측정 프로그램에서는 START 버튼이 시작된 시점에서의 스마트 카트의 위치를 거리 0으로 인식한다. 따라서 이 기준값을 그대로 사용해도 무방하다.

3 실험 기구 및 장치

실험세트 박스 : Newton

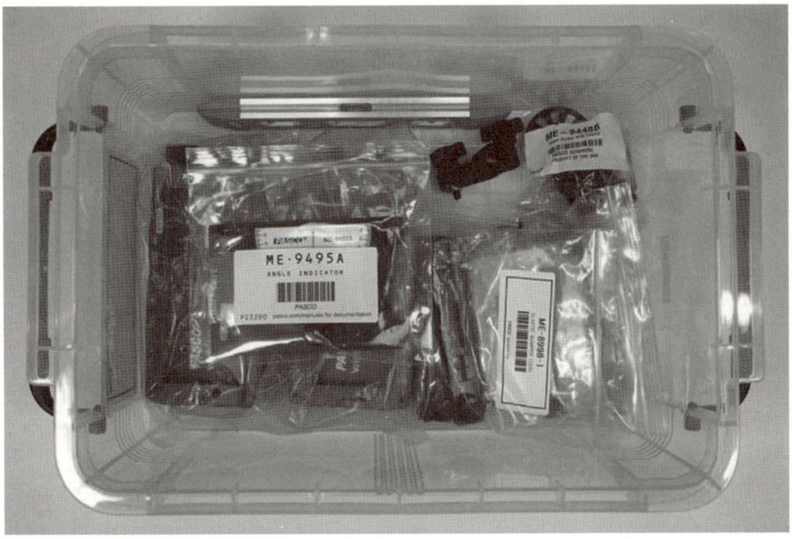

그림 4-5 | 실험세트 박스 수납상태.

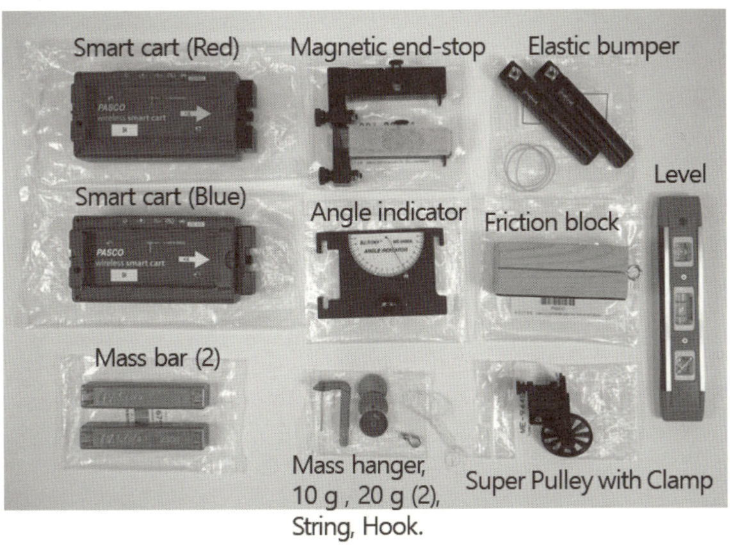

그림 4-6 | 실험세트 수납 내용물.

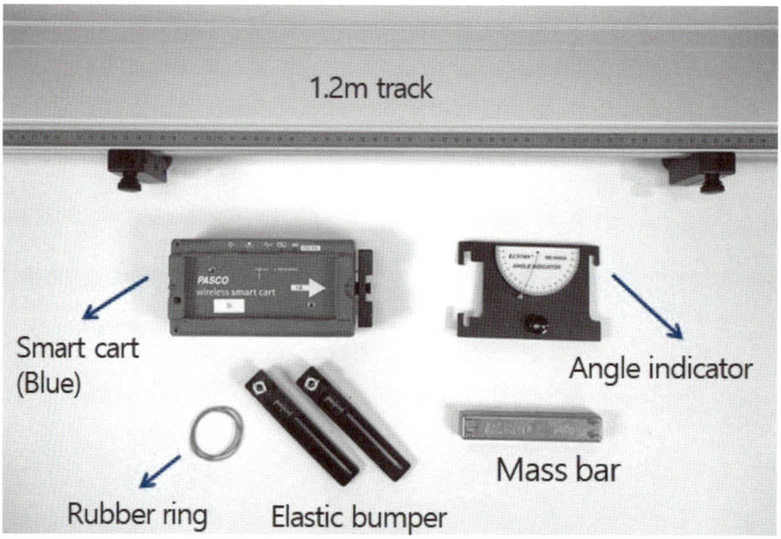

그림 4-7 | 역학에너지 보존 실험 필요 부품.

박스 외 부품인 1.2 m 운동 트랙은 부품보관실 악세사리 수납 카트에서 가져온다.

유의사항

1. 실험에 필요한 부품을 그림 4-7에서 확인한 후 보관 박스에서 꺼내고 보관 박스는 PC 모니터 뒤쪽 바닥에 옮겨놓은 후 실험을 시작한다.
2. 수납 시 그림 4-6의 내용물을 확인한 후 부품별 수납 비닐봉지에 물품들을 넣고 지퍼가 있을 경우 지퍼를 닫는다. 그림 4-5와 같이 원래의 상태로 수납이 되도록 한다. 박스의 방향이 바뀌지 않도록 주의하며, 박스의 라벨은 왼쪽에 위치하도록 한다. 모든 물품은 사용 후 원래의 보관 장소와 위치로, 원래의 보관 상태로 정리되어야 한다.
3. 기다란 선이 있는 센서 등을 박스에 보관할 때 선을 정리한 후 원래의 보관용 비닐봉지에 수납한다.
4. 실험 종료 후 그림 4-8과 같이 정리해 놓는다. PC와 850 인터페이스의 전원은 OFF 시킨다. 퇴실 시 정리 상태를 확인받고 퇴실한다.

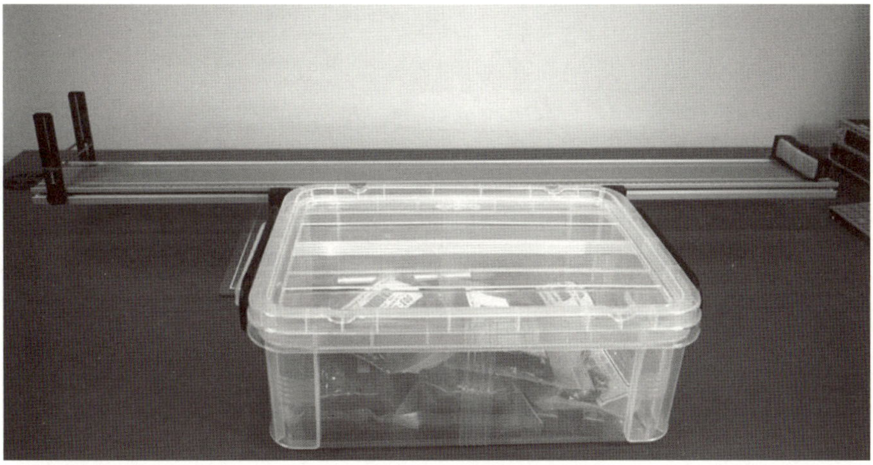

그림 4-8 | 실험 후 정리된 실험테이블의 모습.

4 실험 방법

1. 그림 4-9와 같이 운동트랙의 왼쪽 끝에는 세로막대형 elastic bumper를, 오른쪽 끝에는 PE폼이 붙어있는 magnetic end-stop을 설치한다. elastic bumper에는 세 가닥의 고무줄을 걸어 놓는다.

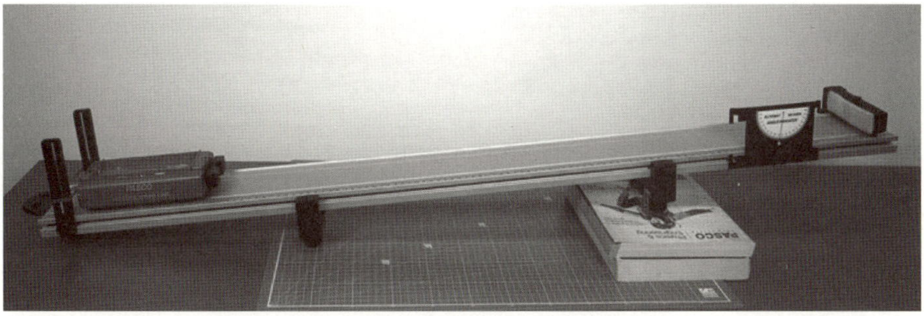

그림 4-9 | 역학에너지 보존법칙 실험 트랙 설치.

2. 그림처럼 1.2 m 운동 트랙의 오른쪽 하단 지지대에 책 등의 물체를 이용하여 경사지게 만들어준다. 경사각은 지면에 대해 10° 이하가 되도록 한다.

3. magnetic bumper가 달린 Blue 스마트 카트를 그림 4-9와 같이 방향에 주의하여 트랙에 설치한다. (스마트카트의 상단 화살표 방향 참조)
4. 실험대 PC의 바탕화면 우측 상단에서 '1학기 실험' 폴더를 찾아 '역학에너지보존.cap' 파일을 더블클릭하여 측정용 소프트웨어를 시작한다. 센서의 sampling rate는 100 Hz를 사용한다.
5. 스마트 카트의 전원을 켠 후, 측정용 프로그램의 왼쪽 세로 메뉴바의 'Hardware Setup'을 눌러 무선 스마트 카트를 인식시킨다.
   스마트 카트의 질량의 질량은 magnetic bumper를 포함하여 275 g 이다.
6. 각도기를 이용하여 트랙의 경사각을 측정하여 기록한다.
7. 측정 프로그램의 왼쪽 세로로 배치된 tool 메뉴에서 Calculator 버튼을 누르면 아래 그림과 같이 사용자 정의 변수 팝업창이 열리게 되는데, 맨 아래 angle 이라는 변수를 더블클릭한 후 측정한 각도값을 입력하여 수정한다(degree 단위). Calculator 버튼을 다시 누르면 팝업창은 닫히게 된다.

그림 4-10 | 각도값의 입력 방법.

8. 스마트 카트를 트랙의 2/3 쯤 되는 곳에 위치시키고, 측정용 프로그램 화면 하단의 START 버튼을 누른 후 1-2초 쯤 뒤에 붙잡고 있던 카트를 놓아 경사면 운동을 발생시킨다. 스마트 카트가 3회 정도의 반동 운동을 이룬 후 측정 프로그램 하단의 STOP 버튼을 눌러 데이터 수집을 마친다.

   측정이 잘 된 경우 속도, 위치 측정 그래프가 그림 4-4와 같이 나타날 것이다.

9. 속도, 위치 그래프에서 스마트 카트가 올라가고 내려오는 지점을 파악한 후, 그림 4-4와 같이 다섯 개의 지점을 선택한다.

   위치1 : 카트의 속도가 0인 지점 (트랙 오른쪽에서 멈추어있는 경우)

   위치2, 3 : 카트의 속도가 음수인 지점 두 곳 (즉 경사면 아래로 움직이는 경우)

   위치4, 5 : 카트가 elastic bumper에 한 번 튕겨진 후 카트의 속도가 양수인 지점과 음수인 지점

10. 그림 4-11과 같이 그래프의 도구 막대 메뉴에서 Add a Coordinate Tool 버튼을 클릭하여 ADD Multi-Coordinates Tool을 선택하면 특정시간에 대한 여러 데이터 값을 읽을 수 있는 세로선이 생기게 되는데, 이를 이용하여 앞에서 선택한 세 지점에서의 속도, 위치를 알아내 실험결과표에 기록한다.

그림 4-11 | Add a Coordinate Tool 버튼.

11. 250 g 짜리 질량막대기를 카트위에 올려 카트 전체의 질량을 증가시킨 뒤 동일한 실험을 반복하여 진행한다.

1. 실험값 및 계산

위치1 : 카트의 속도가 0인 지점 (트랙 오른쪽에서 멈추어있는 경우)
위치2, 3 : 카트의 속도가 음수인 지점 두 곳 (즉 경사면 아래로 움직이는 경우)
위치4, 5 : 카트가 elastic bumper에 한 번 튕겨진 후 카트의 속도가 양수인 지점과 음수인 지점

(1) 스마트 카트의 운동 측정

스마트 카트 질량 m= 275 g, 경사각 θ=________ °

측정값

	시간 (s)	속도 (m/s)	변위 d (m)	높이 y (m)
위치1				
위치2				
위치3				
위치4				
위치5				

※ 높이 y는 변위 d로부터 계산한 값이다.

계산값 (직접 계산할 것)

	운동에너지 K (J)	퍼텐셜에너지 U (J)	역학에너지 E (J)
위치1			
위치2			
위치3			
위치4			
위치5			

(2) 스마트 카트 + 250 g 질량막대기의 운동 측정

스마트 카트 질량 m= 275 g, 경사각 θ=_________ °

측정값

	시간 (s)	속도 (m/s)	변위 d (m)	높이 y (m)
위치1				
위치2				
위치3				
위치4				
위치5				

※ 높이 y는 변위 d로부터 계산한 값이다.

계산값 (직접 계산할 것)

	운동에너지 K (J)	퍼텐셜에너지 U (J)	역학에너지 E (J)
위치1			
위치2			
위치3			
위치4			
위치5			

2. 실험 분석 질문

(1) 이 실험에서 보았듯이 에너지의 절대값 보다는 상대적인 기준에 대한 에너지 변화값이 더 의미가 있어 보인다는 점을 알아보았다. 이러한 관점이 타당하다고 보여지는 경우를 일상생활의 사례에서 찾아보고 설명해본다.

(2) 실험결과로 얻어진 그래프들에서 속도와 위치, 그에 따른 운동에너지와 퍼텐셜에너지, 전체 역학에너지의 변화양상을 카트의 현실적인 운동 상태를 반영하여 설명해본다.
(즉, 왜 속도가 음수값에서 갑자기 양수값으로 치솟았는가, 운동에너지의 뾰족한 피크 부분이 왜 갈라져 보이는가, 역학에너지 그래프는 어떻게 계단 모양으로 나타나는가 등)

(3) 위치2, 3과 위치4, 5에서의 역학에너지는 명백히 다른 값을 가지게 되는데, 그 이유가 무엇인지 생각해본다.

5. 운동량 보존

1 실험 목적

두 물체가 충돌할 때 충돌 전후 두 물체의 운동량의 합은 보존이 되는 물리량이다. 그러나 에너지의 경우 충돌 전후로 반드시 보존되지는 않는다. 물체의 운동 상태를 나타내는 운동량(momentum)의 특성과 충돌과 관련하여 운동량의 보존되는 성질, 운동에너지의 측면들을 실험을 통해서 살펴본다.

2 이론 및 원리

1. 운동량의 정의

이제는 거의 고전이 되어버린 영화 'Back to the Future'(1985)를 보면 남자 주인공은 스케이트보드를 즐겨 타는 고등학생이다. 요즘에는 스케이트보드에 핸들과 동력원을 설치하여 편하게 탈 수 있는 킥보드 제품들이 많이 있고 'Back to the Future' 2편에서는 미래 어느 시점에서 공중 부양하는 스케이트보드의 장면이 펼쳐지기도 한다.

자동차 산업의 발달과 여러 가지 운송수단들이 새롭게 선보여지던 20세기 초반에는 그림 5-1(a)에서와 같이 킥보드에 소형 가솔린엔진 또는 전동모터를 설치한 제품들이 이미 상용화되어 출현하기도 하였다.

어떤 사람이 그림 5-1(a)와 같은 킥보드를 타고 20 km/h의 일정한 속도로 천천히 움직이고 있다고 하자. 킥보드와 탑승자의 질량을 합해보았자 100 kg 정도에 불과할 것이다. 킥보드를 타고 지나가는 사람을 옆에 서 있던 사람이 멈추어 세우는 것은 어려운

일이 아니다. 그러나 그림 5-1(b)와 같이 동일하게 20 km/h의 속도로 움직이는 거대한 기관차를 사람이 멈추어 세우는 일은 거의 불가능하다는 것을 우리는 간접경험을 통해서 이미 알고 있다. 즉, 일정한 속도라고 해도 움직이는 물체의 질량에 비례하여 운동하고 있는 상태를 나타내는 어떤 물리량이 존재한다는 것을 느낄 수가 있다.

(a) (b)

그림 5-1 | 질량이 있는 물체가 속도를 가지고 운동하는 사례들.
(사진출처: (a) 원본출처불명 (b) 한국철도공사 제공)

한편, 킥보드 운전자가 속도를 높여서 진행할수록 멈추어 세우기가 그만큼 어렵다는 점도 알 수 있다. 따라서 질량이 크면 클수록, 속도가 크면 클수록 운동의 상태를 바꾸기가 더 어려워지고 운동을 유지하려는 경향성은 그만큼 더 크다고 할 수 있다. 이러한 운동의 경향성을 나타내는 물리량을 운동량(momentum)이라고 한다. 이렇게 살펴본 운동량의 특징들을 수식으로 표현해보면 다음과 같다.

$$p \propto m,\ p \propto v \ \rightarrow\ p \propto mv \ \rightarrow\ p = kmv \tag{5-1}$$

여기서 발생하는 비례상수를 1로 정하면 운동량 p는 다음과 같이 정량적으로 정의된다.

$$p = mv \tag{5-2}$$

속도가 벡터이기 때문에 운동량도 벡터가 된다.

$$\vec{p} = m\vec{v} \tag{5-3}$$

뉴턴의 제2법칙으로 표현되는 힘 F와의 상관관계를 살펴보면 다음과 같이 운동량 p와의 연관성을 알 수 있다.

$$\vec{F} = m\vec{a} = m\frac{d\vec{v}}{dt} = \frac{d(m\vec{v})}{dt} = \frac{d\vec{p}}{dt} \tag{5-4}$$

즉 운동량(p로 표현되는 운동 상태 또는 운동 경향성)의 큰 변화를 일으키기 위해서는 그 만큼 더 큰 힘의 작용이 필요하다는 의미가 된다.

2. 충돌 현상에서의 운동량

운동량이 보존되는 물리량이라는 것은 물체의 충돌 과정을 통해 명확하게 나타나게 된다. 두 개의 물체로 이루어진 닫힌계(closed system)를 가정해보자. 두 물체가 운동하는 과정에서 충돌이 발생할 경우 충돌과정에서 계를 구성하는 물체들에게 가해지는 힘은 다음과 같이 표현할 수 있다. 편의상 1차원 운동의 경우로 가정한다.

$$F_{total} = F_{ext} + F_{int} = \frac{dp_{total}}{dt} = \frac{d}{dt}(p_1 + p_2) = F_1 + F_2 \tag{5-5}$$

이 식에서 F_{total}은 계 전체에 가해진 힘으로 계의 외부에서 작용하는 힘 F_{ext}와 내부 물체들 사이에 작용하는 힘 F_{int}을 더한 것이 된다. 닫힌계이기 때문에 외부에서 작용하는 힘 F_{ext}가 0이 되므로 식 5-5는 물체2로부터 물체1이 받는 힘 F_1과 물체1로부터 물체2가 받는 힘 F_2의 내부 힘 성분들의 합이 되는데, F_1과 F_2는 작용-반작용 법칙에 의해 크기가 같고 방향이 반대인 힘들로서 합하면 0이 된다. 따라서 $\frac{dp_{total}}{dt} = 0$이기 때문에 닫힌계 내부에서 어떠한 내부 작용에 의한 변화의 과정을 거치더라도 계의 총 운동량 p_{total}의 변화량은 0, 즉 p_{total}은 항상 일정하게 유지된다는 것을 알 수 있다.

우리가 실험에서 살펴볼 내부 변화의 과정으로 폭발과 충돌현상을 통해서 운동량이 보존된다는 점을 확인하게 되는데, 폭발은 내부력에 의해 하나의 물체로 존재하던 것이 두 개 이상으로 쪼개지는 현상을 의미한다. 충돌은 충돌 전후로 에너지가 보존되는 탄성충돌과 에너지가 보존되지 않는 비탄성충돌로 구분된다.

한 가지 계산의 예로써 다음과 같은 1차원 운동을 하는 두 개의 물체를 살펴보자.

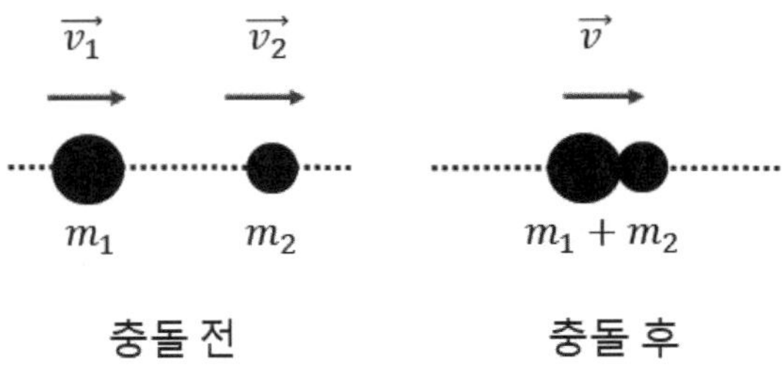

그림 5-2 | 직선운동을 하다가 충돌 후 하나로 합쳐지는 두 물체의 운동.

직선운동을 하다가 충돌한 후에 두 물체가 하나로 합쳐지는 경우에 대해 운동량 보존법칙은 다음과 같이 표현할 수 있다.

$$\vec{p}_{total} = \vec{p}_{1i} + \vec{p}_{2i} = \vec{p}_{1f} + \vec{p}_{2f} \tag{5-6}$$

아래 첨자 i는 충돌 전, f는 충돌 후를 의미한다. 식 5-6을 구체적인 물리량들로 표현해보면 다음과 같다.

$$m_1 v_1 + m_2 v_2 = (m_1 + m_2) v \tag{5-7}$$

따라서 운동량 보존법칙을 통해서 충돌 후 미지의 속도 v를 구할 수 있다.

$$v = \frac{m_1 v_1 + m_2 v_2}{m_1 + m_2} \tag{5-8}$$

실험을 통한 측정값들을 이용하여 운동량 보존을 알아볼 때 주의할 사항이 있는데, 그림 5-3은 하나의 측정 사례이다.

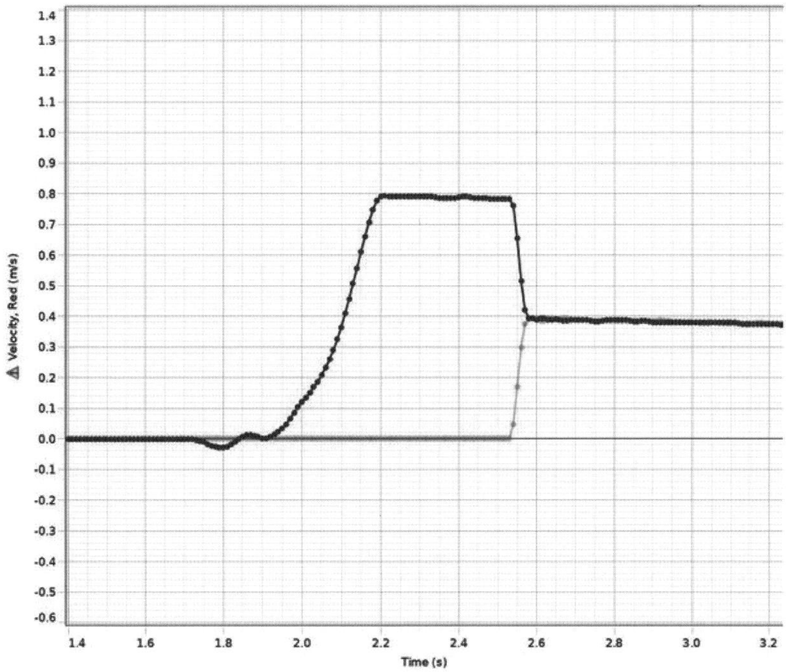

그림 5-3 | 두 물체의 충돌에 관한 측정 사례.

그림 5-3의 측정 그래프는 실험에서 파란색 스마트 카트(그래프 상부의 속도 곡선)를 손으로 밀은 후 운동하던 파란색 스마트 카트가 정지해있던 빨간색 스마트 카트(그래프 하부의 속도 곡선)와 충돌을 일으킨 후에 두 개의 카트가 하나로 결합되어 움직이는 운동에서의 속도를 측정한 것이다. 손으로 밀은 후에 파란색 스마트 카트가 충돌 전까지 자율주행을 하는 구간은 대략 2.2초에서 2.5초 구간이다. 이 구간을 자세히 살펴보면 주행하는 카트의 속도가 미세하게나마 조금씩 감소하고 있는 것을 관찰할 수 있다. 이러한 현상은 충돌 후에 하나로 합쳐져 운동하는 구간에서의 속도에도 나타나있다.

그렇다면 이러한 속도 감소현상이 발생하는 이유는 무엇인지, 그리고 이렇게 속도가 일정하지 않다면 운동량 보존을 알아보기 위해 식 5-6에 필요한 속도들은 어느 시점에서의 속도값들을 읽어야 하는지를 생각해보기 바란다.

3 실험 기구 및 장치

실험세트 박스 : Newton

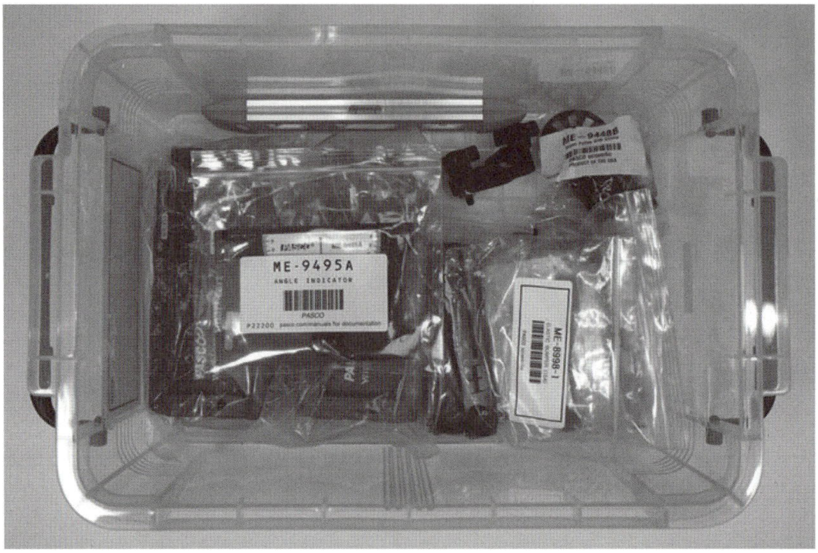

그림 5-4 | 실험세트 박스 수납상태.

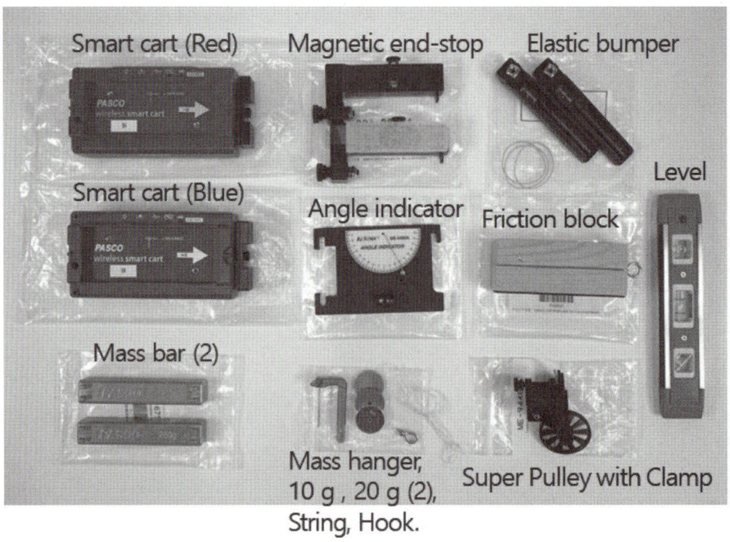

그림 5-5 | 실험세트 수납 내용물.

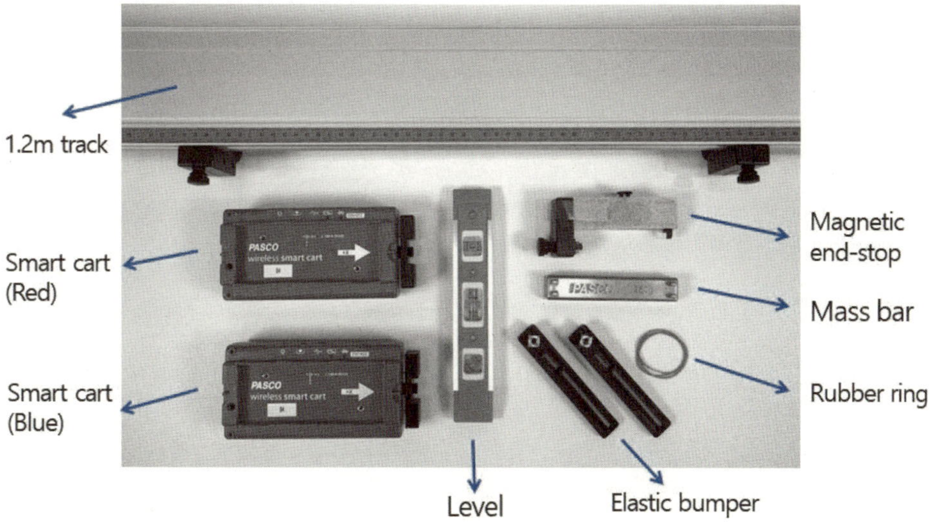

그림 5-6 | 운동량 보존 실험 필요 부품.

박스 외 부품인 1.2 m 운동 트랙은 부품보관실 악세사리 수납 카트에서 가져온다.

유의사항

1. 실험에 필요한 부품을 그림 5-6에서 확인한 후 보관 박스에서 꺼내고 보관 박스는 PC 모니터 뒤쪽 바닥에 옮겨놓은 후 실험을 시작한다.
2. 수납 시 그림 5-5의 내용물을 확인한 후 부품별 수납 비닐봉지에 물품들을 넣고 지퍼가 있을 경우 지퍼를 닫는다. 그림 5-4와 같이 원래의 상태로 수납이 되도록 한다. 박스의 방향이 바뀌지 않도록 주의하며, 박스의 라벨은 왼쪽에 위치하도록 한다. 모든 물품은 사용 후 원래의 보관 장소와 위치로, 원래의 보관 상태로 정리되어야 한다.
3. 기다란 선이 있는 센서 등을 박스에 보관할 때 선을 정리한 후 원래의 보관용 비닐봉지에 수납한다.
4. 실험 종료 후 그림 5-7과 같이 정리해 놓는다. PC와 850 인터페이스의 전원은 OFF 시킨다. 퇴실 시 정리 상태를 확인받고 퇴실한다.

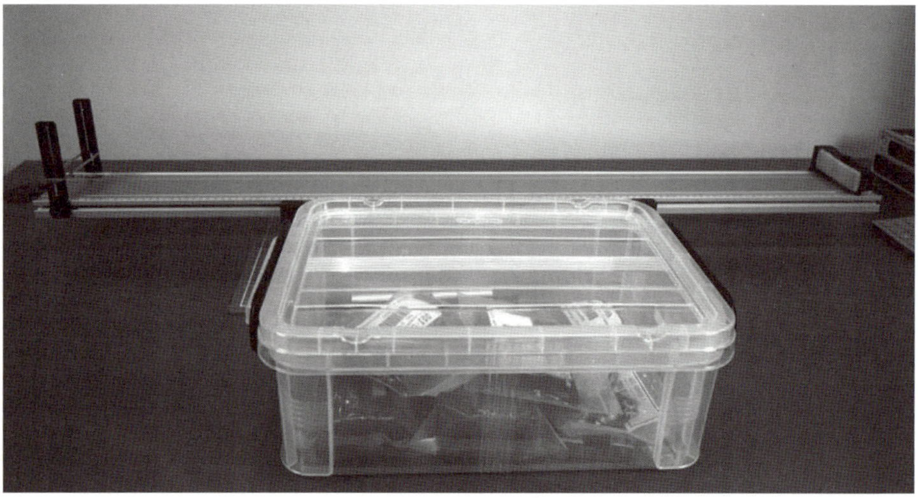

그림 5-7 | 실험 후 정리된 실험테이블의 모습.

4 실험 셋업

1. 아래 그림과 같이 운동트랙의 왼쪽 끝에는 세로막대형 elastic bumper를, 오른쪽 끝에는 PE폼이 붙어있는 magnetic end-stop을 설치한다. elastic bumper에는 세 가닥의 고무줄을 걸어 놓는다.

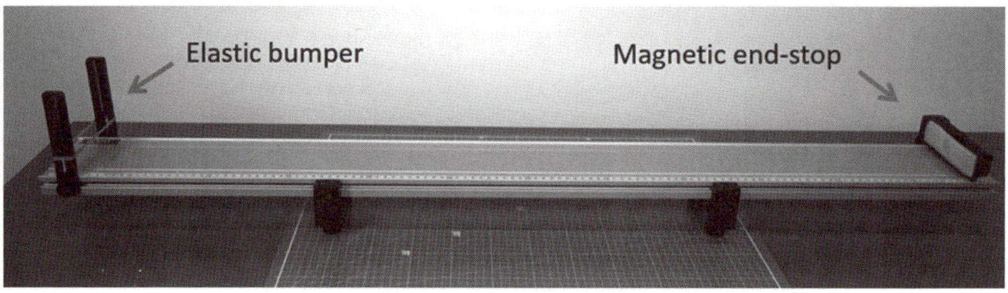

그림 5-8 | 운동 트랙 카트 추락 방지용 안전장치의 설치.

2. 트랙의 하단 지지대의 수평조절대 나사를 돌려 트랙의 수평을 맞춘다. 수평계를 이용하거나 카트에 힘을 가하지 않고 트랙의 중앙에 놓았을 때 카트가 한쪽으로

움직이지 않도록 조절한다.

3. Red, Blue 스마트 카트의 앞부분에 각각 마그네틱 범퍼를 부착한다.

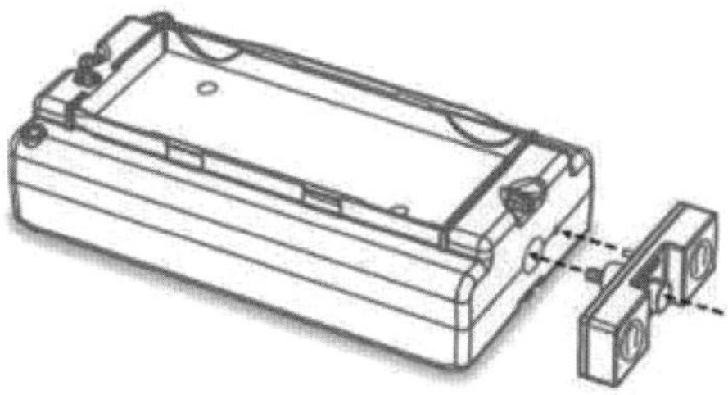

그림 5-9 | 마그네틱 범퍼의 부착.

4. 저울로 마그네틱 범퍼를 장착한 두 개 카트의 각각의 질량을 측정하여 기록한다. (카트의 질량은 magnetic bumper 포함 275 g 이다.)
5. 실험대 PC의 바탕화면 우측 상단에서 '1학기 실험' 폴더를 찾아 '운동량보존.cap' 파일을 더블클릭하여 측정용 소프트웨어를 시작한다. 각 센서들의 sampling rate는 100 Hz를 사용한다. (표시되는 양은 속도이지만, 속도는 측정된 위치값의 시간에 대한 변화량으로 계산되어 속도로 표시되기 때문에 속도측정은 곧 위치측정에 의존한다)
6. Red, Blue 스마트 카트의 전원을 켠 뒤, 측정용 프로그램의 왼쪽 세로 메뉴바의 'Hardware Setup'을 누르면 무선 장치연결 목록이 나타나는데, 여기에서 각 실험테이블에 배정된 실험세트의 Red, Blue 스마트 카트의 고유인식번호들을 찾아서 클릭하여 연결한다.

5 실험 방법

질량이 다른 두 물체의 폭발 (Explosion)

1. Blue 카트는 왼쪽에, Red 카트는 오른쪽에 배치한다. 그림 5-10을 참조하여 카트의 방향을 설정한다. Red 카트 위에는 250 g의 mass bar 한 개를 중심에 올려놓는다.
2. 왼쪽 Blue 카트의 스프링 실린더(Plunger)를 2단 위치로 누른다. 카트 두 개를 트랙의 중앙 부분에서 서로 접촉하도록 놓는다.
3. 측정용 프로그램 하단의 START 버튼을 클릭하여 측정을 시각한 후, 카트의 Plunger release button을 빠르게 눌러서 눌려져있던 플런저가 전개되도록 한다.

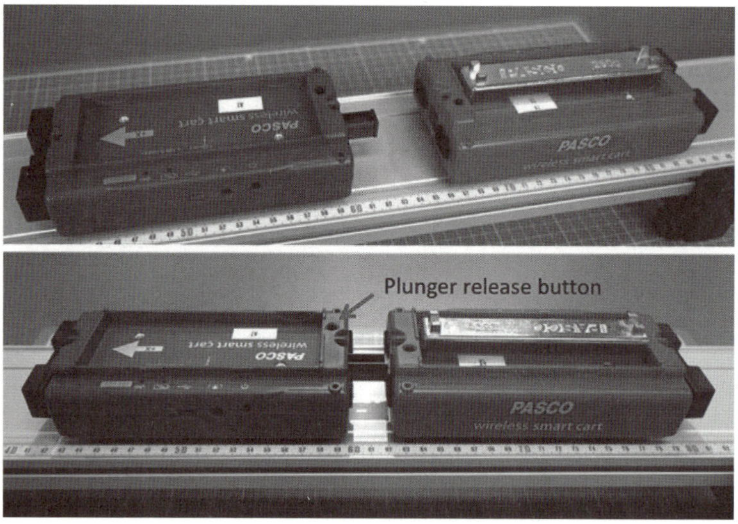

그림 5-10 | 폭발 실험을 위한 카트의 배치

[주의]

손가락처럼 뭉툭한 물체로 누를 경우 버튼 주변을 누르는 효과로 인해 Blue 카트의 움직임을 방해할 수 있으니 주의한다.

4. 두 개의 카트가 트랙의 끝부분에서 1-2회 정도 반동운동을 일으킨 후에 측정 프로그램의 STOP을 클릭하여 데이터 수집을 완료한다.
5. 그림 5-11과 같이 측정 프로그램의 시간-속도 그래프에서 Multi-Coordinates Tool을 사용하여, 폭발 직후 두 개 카트의 v_1과 v_2를 파악한다.

그림 5-11 | Add a Coordinate Tool 버튼.

질량이 같은 두 물체의 비탄성 충돌

6. 질량 막대기를 Red 카트에서 제거하고 Blue 카트의 Plunger를 완전히 눌러 놓는다.

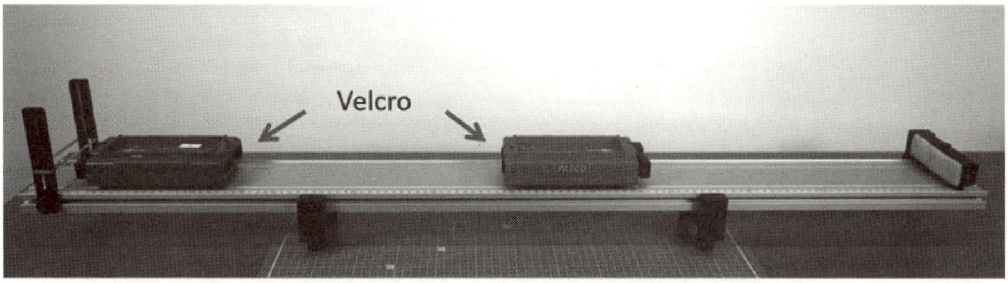

그림 5-12 | 비탄성충돌 실험을 위한 카트의 배치.

7. Red 카트를 트랙의 중앙 부분에 놓고, Blue 카트를 트랙의 왼쪽 끝에 놓는다. 이때 카트 후면의 벨크로가 서로 마주 보도록 배치한다.
8. 측정 프로그램하단의 START 버튼을 눌러 측정을 시작한 직후, Blue 카트를 손으로 밀어 출발시킨다. Blue 카트가 Red 카트에 충돌하여 합쳐져서 2-3초 정도 진행한 후에 측정 프로그램의 STOP 버튼을 눌러 데이터 수집을 완료한다.

[주의]

두 물체가 충돌하기 전에 카트를 미는 손을 떼어야 한다.

9. 측정 프로그램의 시간-속도 그래프에서 Multi-Coordinates Tool을 사용하여, 두 개 카트의 충돌 직전 속도와 충돌 직후 속도를 각각 확인하여 실험결과표에 기록한다.

질량이 다른 두 물체의 탄성 충돌

10. 그림 5-13과 같이 Blue 카트를 트랙의 중앙에 놓고 Red 카트는 트랙의 왼쪽 끝에 놓는다. Blue 카트 위에는 250 g의 mass bar를 하나 중심에 올려놓는다.

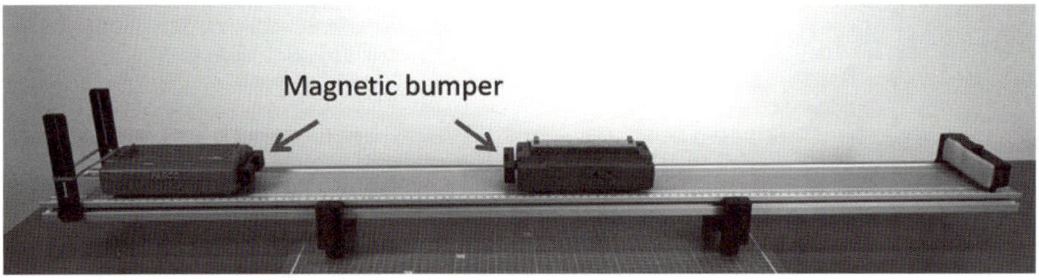

그림 5-13 | 탄성충돌 실험을 위한 카트의 배치

11. 측정 프로그램하단의 START 버튼을 눌러 측정을 시작한 직후, Red 카트를 밀어 출발시킨다. Red 카트가 Blue 카트에 충돌한 후 각각의 카트가 트랙 끝부분에서 튕겨 나온 직후 측정 프로그램의 STOP 버튼을 눌러 데이터 수집을 완료한다.

[주의]

두 물체가 충돌하기 전에 카트를 미는 손을 떼어야 한다.

12. 측정 프로그램의 시간 - 속도 그래프에서 Multi-Coordinates Tool을 사용하여, 두 개 카트의 충돌 직전 속도와 충돌 직후 속도를 각각 확인하여 실험결과표에 기록한다.

실험 5 | 운동량 보존 실험 결과

1. 실험값 및 계산

	Red 카트 질량 (g)	Blue 카트 질량 (g)	질량 막대 질량 (g)
측정값	275	275	250

※ 카트의 질량은 magnetic bumper를 달고 있을 때의 질량이다.

(1) 질량이 다른 두 물체의 폭발

Blue 카트 (질량 $m =$ g)

	폭발 전		폭발 후	
	속도 (m/s)	운동량 ($kg \cdot m/s$)	속도 (m/s)	운동량 ($kg \cdot m/s$)
1				
2				

Red 카트 (질량 $m =$ g)

	폭발 전		폭발 후	
	속도 (m/s)	운동량 ($kg \cdot m/s$)	속도 (m/s)	운동량 ($kg \cdot m/s$)
1				
2				

	폭발 전		폭발 후	
	총 운동량 ($kg \cdot m/s$)	총 운동에너지 (J)	총 운동량 ($kg \cdot m/s$)	총 운동에너지 (J)
1				
2				

※ $p_{total} = p_1 + p_2 = m_1 v_1 + m_2 v_2$

(2) 질량이 같은 두 물체의 비탄성 충돌

Blue 카트 (질량 $m =$ g)

	충돌 전			충돌 후		
	속도 (m/s)	운동량 $(kg \cdot m/s)$	운동에너지 (J)	속도 (m/s)	운동량 $(kg \cdot m/s)$	운동에너지 (J)
1						
2						

Red 카트 (질량 $m =$ g)

	충돌 전			충돌 후		
	속도 (m/s)	운동량 $(kg \cdot m/s)$	운동에너지 (J)	속도 (m/s)	운동량 $(kg \cdot m/s)$	운동에너지 (J)
1						
2						

	폭발 전		폭발 후	
	총 운동량 $(kg \cdot m/s)$	총 운동에너지 (J)	총 운동량 $(kg \cdot m/s)$	총 운동에너지 (J)
1				
2				

에너지 손실비율 (%) = $\left| \frac{\text{충돌전 운동에너지} - \text{충돌후 운동에너지}}{\text{충돌전 운동에너지}} \right| \times 100$ = ______ %

(3) 질량이 다른 두 물체의 탄성 충돌

Red 카트 (질량 $m=$ g)

	충돌 전			충돌 후		
	속도 (m/s)	운동량 ($kg \cdot m/s$)	운동에너지 (J)	속도 (m/s)	운동량 ($kg \cdot m/s$)	운동에너지 (J)
1						
2						

Blue 카트 (질량 $m=$ g)

	충돌 전			충돌 후		
	속도 (m/s)	운동량 ($kg \cdot m/s$)	운동에너지 (J)	속도 (m/s)	운동량 ($kg \cdot m/s$)	운동에너지 (J)
1						
2						

	폭발 전		폭발 후	
	총 운동량 ($kg \cdot m/s$)	총 운동에너지 (J)	총 운동량 ($kg \cdot m/s$)	총 운동에너지 (J)
1				
2				

에너지 손실비율 (%) = $\left|\frac{\text{충돌전 운동에너지} - \text{충돌후 운동에너지}}{\text{충돌전 운동에너지}}\right| \times 100$ = ______ %

2. 실험 분석 질문

(1) 폭발 전과 후 각각의 카트의 운동량과, 총 운동량, 총 운동에너지는 어떻게 변하는지와, 폭발 전후의 값들이 차이가 난다면 왜 그런지를 설명해본다.

(2) 비탄성 충돌 전과 후 각각의 카트의 운동량과 총 운동량, 총 운동에너지는 어떻게 변하는지와, 충돌 전후의 값들이 차이가 난다면 왜 그런지를 설명해본다.

(3) 탄성 충돌 전과 후 각각의 카트의 운동량과 총 운동량, 총 운동에너지는 어떻게 변하는지와, 충돌 전후의 값들이 차이가 난다면 왜 그런지를 설명해본다.

6. 용수철 단진동

1 실험 목적

용수철의 특성과 용수철의 진동 운동에서 가장 기본적인 단순조화 진동운동을 통해서 진동 주기를 이론적, 실험적으로 구하여 비교해본다.

2 이론 및 원리

용수철은 우리 일상생활에서 사용되는 볼펜을 비롯하여 저울, 살상용 무기인 총기류 등의 부속품으로까지 다양한 물품들에서 찾아볼 수 있다. 이런 실용적인 응용성의 이면에는 용수철의 독특한 특징들이 존재하는데, 가장 대표적인 것은 기계적인 에너지를 저장할 수 있다는 것과 진동운동을 발생시킬 수 있는 장치라는 점이다. 용수철의 이러한 특징들은 여러 가지 기본적인 물리현상들을 살펴볼 수 있는 매우 단순하면서도 흥미로운 도구로서의 유용함을 제시한다.

1. 용수철의 성질

그림 6-1은 이상적인 조건을 가진 용수철에 대해 (a) 용수철에 아무것도 매달지 않은 상태, (b) 용수철에 질량 m 인 물체가 매달린 경우와 (c) 용수철에 질량이 $2m$ 인 물체가 매달린 각각의 경우를 보여주고 있다. 용수철에 물체를 매단 뒤에 충분히 안정화를 시키면 용수철은 진동이 없이 그림과 같은 균형이 이루어진 상태를 유지할 것이다. 이렇게 용수철이 늘어나거나 줄어들지 않는 상태를 평형상태라고 한다. 그림 6-1에서 (a), (b), (c) 모두 평형상태인 상황일 때, 질량 m인 물체가 매달렸을 때 늘어난 용수철의 길이가 y이면 질량 $2m$인 물체를 매단 경우에는 늘어난 길이가 $2y$가 되는 것이 관찰되는데, 이것을 정리하여 표현해보면 아무 힘도 가하지 않은 상태의 용수철 길이로부터 일정한 힘을 가했을 때 늘어난 용수철의 길이를 d라고 하면 d는 용수철에 가해진 힘에 비례한다는 것이다. 이것을 Hooke(1635 - 1703, 영국)의 법칙이라고 하고 다음과 같은 수식으로 표현된다.

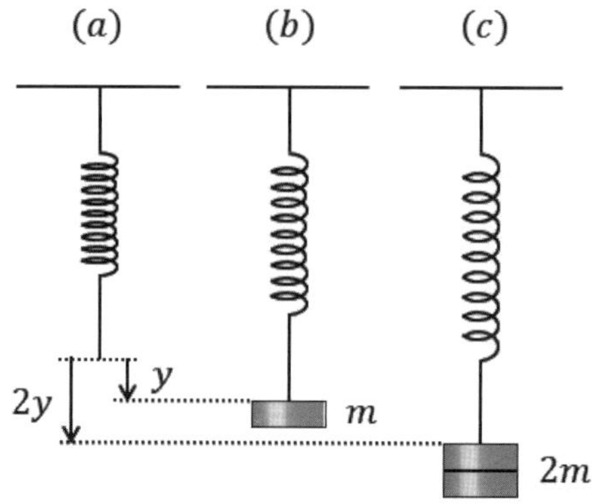

그림 6-1 | 용수철의 평형상태와 Hooke의 법칙.

$$F \propto d \quad \rightarrow \quad F = kd \qquad (6\text{-}1)$$

식 6-1의 비례상수 k를 용수철상수라고 하며 단위는 N/m가 된다.

그런데 그림 6-1에는 중력이외에 다른 한 가지 힘이 더 존재한다. 그림 6-1(b)의 경우를 그림 6-2에서 자세히 살펴보면 용수철은 매달린 추의 질량 m에 작용하는 중력 mg를 받아 늘어난 상태이고 늘어난 길이의 반대방향으로 물체가 매달리기 이전의 평형상태로 용수철을 되돌리고자 하는 복원력을 만들어낸다. 그림 6-2에서 물체가 매달린 상태로 새로운 평형상태를 유지하는 이유는 중력 mg와 용수철의 복원력이 크기가 같고 작용하는 방향이 반대이기 때문이다.

그림 6-2 | 중력과 용수철 힘의 균형.

따라서 식 6-1에서의 중력에 해당하는 힘 F 대신 용수철의 복원력, 즉 용수철 힘 F_S를 사용하여 수식을 표현해보면

$$F_S = -kd \tag{6-2}$$

로 쓸 수 있다. 여기서 $-$부호는 용수철 힘 F_S의 방향과 관련이 있다.

세로축을 y축으로 정의하고 용수철에 아무것도 매달지 않은 상태에서 용수철의 끝부분의 위치를 $y=0$인 좌표값의 위치로 설정하면 용수철의 끝부분의 위치 좌표는 곧 늘어난 길이 d를 의미하기 때문에 식 6-2는 다음과 같이 쓸 수 있다.

$$F_S = -kd = -ky \tag{6-3}$$

간혹 물리 교재들에서 $F_S = -ky$ 또는 $F_S = -k\Delta y$로 표현되는 경우들을 볼 수 있는데 후자의 경우는 늘어나지 않은 상태의 용수철의 끝부분의 위치를 $y=0$으로 설정하지 않은 경우로 이해하면 된다.

2. 용수철상수의 측정

그림 6-3과 같이 세로방향으로 배치된 용수철에 다양한 추의 질량을 구현하여 힘 $F=mg$를 가했을 때 용수철의 늘어난 길이 Δy를 측정하면 Hooke의 법칙인 $F=k\Delta y$를 이용하여 용수철상수 k를 구할 수 있다. 예를 들면 그림 6-3(b)와 같이 질량이 m_1인 추가 매달렸을 경우에 용수철이 늘어난 길이는 $\Delta y = y_1 - y_0$이다.

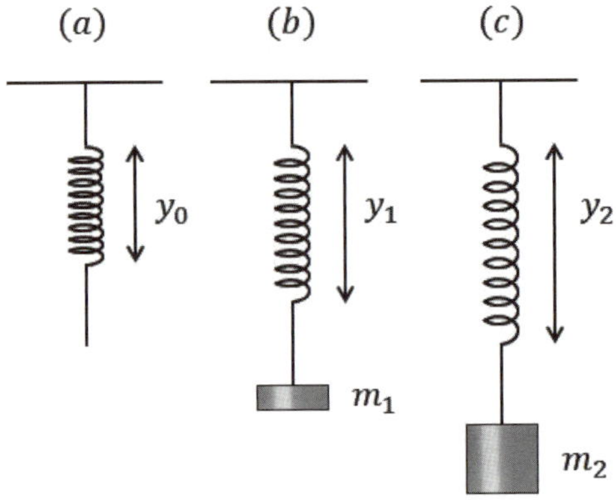

그림 6-3 | 세로방향으로 배치된 용수철에서의 용수철상수 측정 과정.

한편 그림 6-4처럼 용수철을 가로방향으로도 배치하여 용수철상수를 구할 수도 있는데, 이때는 중력이 작용하는 방향과 용수철이 늘어나는 방향이 다르기 때문에 중력의 방향을 바꾸어 전달해줄 수 있는 pulley를 사용한다.

세로방향의 용수철과 가로방향의 용수철에 대한 용수철상수의 측정 그래프는 그림 6-5에 비교, 정리되어 있다. 두 가지 경우 모두 추의 질량을 $200\,g$부터 시작하여 $20\,g$씩 늘려가면서 측정한 것이다.

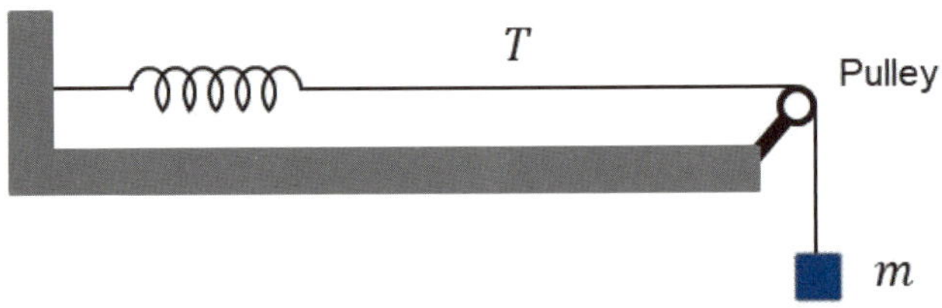

그림 6-4 | 가로방향으로 배치된 용수철에서의 용수철상수 측정.

그림 6-5의 결과를 살펴보면 용수철을 세로방향과 가로방향으로 잡아당겼을 때 구해진 용수철상수는 각각 $k_y = 26.6\,N/m$ 와 $k_x = 24.1\,N/m$ 로 거의 비슷한 결과를 보이지만 유의미한 차이를 가지고 있다. 한 가지 특이점은 그림 6-5(a)에서는 $0.9\,N$, 그림 6-5(b)에서는 $1.4\,N$이라는 세로축 절편, 즉 힘에 대한 offset 값이 존재한다는 점이다. 용수철상수 측정실험에서 생각해 보아야 할 점들은 힘에 대한 offset 값이 존재하는 이유, 용수철의 배치 방향에 따라 동일한 용수철에 대해 offset 값과 용수철상수가 차이가

나는 이유 등이다.

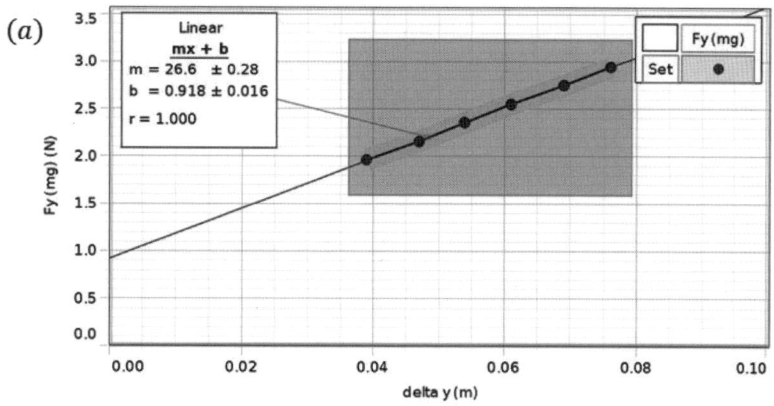

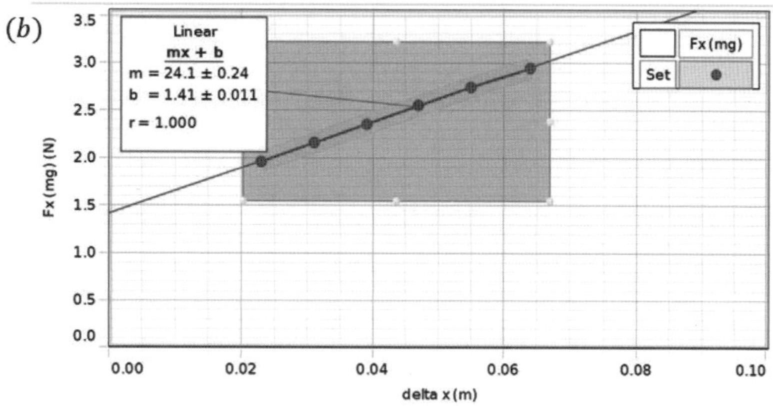

그림 6-5 | 용수철이 (a) 세로방향일 때와 (b) 가로방향일 때의 힘-변위 그래프.

힘에 대한 offset이 존재하는 이유는 실험에서 사용하는 용수철을 면밀히 관찰해 보면 어렵지 않게 알 수가 있는데, 모든 용수철이 이러한 offset을 보이는 것은 아니고 용수철마다 다를 수 있다. 그림 6-5의 결과와 같이 힘에 대한 offset이 존재할 수 있기 때문에 Hooke의 법칙을 나타낼 때는 $F = k\Delta x$ 라는 표현 대신 다음과 같은 수식으로 표현하여 이해하는 것이 적합할 것이다.

$$\Delta F = k\Delta x \tag{6-4}$$

3. 등속원운동

진동현상을 살펴보기 전에 이와 유사한 내용을 포함하고 있는 등속원운동에 대해 알아본다. 그림 6-6과 같이 반시계방향으로 반지름이 r인 원주 선상을 일정한 속도로 돌고 있는 입자가 있다. 원주 선상을 따라 움직인 거리를 l이라고 한다면 다음과 같은 길이와 각도 사이의 관계가 성립한다.

$$l = r\theta \tag{6-5}$$

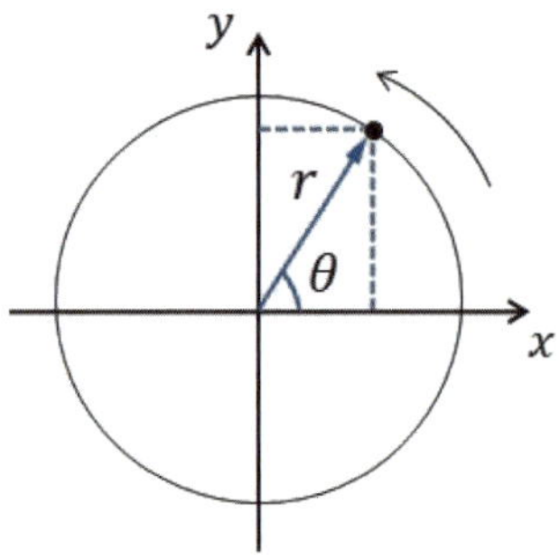

그림 6-6 | 입자가 원운동을 하는 모습.

이 때 θ는 입자가 회전한 각도이다. 원주 선상을 따라 움직이는 입자의 선속도를 구해보면 식 6-5로부터

$$v = \frac{dl}{dt} = \frac{d}{dt}(r\theta) = r\frac{d\theta}{dt} = r\omega \tag{6-6}$$

을 얻을 수 있는데, ω는 각속도이다. 식 6-6을 한 번 더 시간에 대해 미분해보면 입자가 원주 선상을 따라서 움직이는 가속도를 얻게 된다.

$$a = \frac{dv}{dt} = \frac{d}{dt}(r\omega) = r\frac{d\omega}{dt} = r\alpha \tag{6-7}$$

식 6-7에서 α는 각가속도라는 물리량이다. 등속원운동은 원주 선상을 도는 입자의

속도 v가 일정하거나 각속도 ω가 일정한 원운동을 의미한다. 즉, 등속원운동은 $a=0$ 이거나 $\alpha=0$인 원운동이다.

그림 6-6에서 입자가 등속원운동을 한다고 가정하면 입자가 회전한 각도는 $\theta=\omega t$로 쓸 수 있기 때문에 입자의 x좌표는 다음과 같다.

$$x = r\cos\theta = r\cos\omega t \tag{6-8}$$

시간이 t일 때 입자가 그림 6-6의 위치에 있다면 원주를 한 바퀴 도는데 필요한 시간(회전주기) T가 흐른 뒤에도 입자가 한 바퀴를 돌았기 때문에 같은 위치에 있을 것이다. 이것을 식 6-8에서 나타내보면

$$x = r\cos\omega t = r\cos\omega(t+T) = r\cos(\omega t + \omega T) \tag{6-9}$$

가 성립하는데, 입자가 한 바퀴를 회전한 것이기 때문에 식 6-9에서 $\omega T = 2\pi$가 성립한다. 따라서 등속원운동에서의 회전주기 T는 다음과 같이 쓸 수 있다.

$$T = \frac{2\pi}{\omega} \tag{6-10}$$

그림 6-6에서 입자의 x축 좌표인 식 6-8은 빛을 위에서 아래로 비추었을 때 나타나는 입자의 x축 선상에서 나타나는 그림자의 좌표라고 이해할 수도 있다. 이 그림자가 x축 선상을 움직이는 속도를 구해보면

$$v_x = \frac{dx}{dt} = -r\omega\sin\omega t \tag{6-11}$$

가 된다. 그림자의 x축 선상에서의 운동 가속도 또한 다음과 같이 구할 수 있다.

$$a_x = \frac{d^2x}{dt^2} = -r\omega^2\cos\omega t \tag{6-12}$$

원주 선상에서의 운동은 등속운동이지만 입자 그림자의 x축 선상에서의 운동은 등속운동이 아니라는 점에 유의한다. 식 6-12를 조금 정리해보면

$$\frac{d^2x}{dt^2} + \omega^2 x = 0 \tag{6-13}$$

으로 쓸 수 있는데, 이 식은 그림자의 x축 선상에서의 운동을 2차 미분방정식 형태로 표현한 것이며 이 식의 해인 x값은 식 6-8이 된다.

정리하면 등속원운동이라는 주기운동을 하는 입자의 x축 또는 y축 선상에서의 입자의 그림자의 운동은 식 6-8과 같은 형태의 위치값으로 표현되며 이것은 6-13식과 같은 미분방정식을 만족시키는 해가 된다. 그리고 입자의 그림자는 단진동운동을 한다고 표현한다.

4. 용수철의 단진동

진동운동은 물체가 평형상태를 벗어났을 때 발생하는 운동 현상이다. 예를 들면 그림 6-1과 같이 용수철에 매달린 추를 아래로 잡아당겼다가 놓으면 위 아래로 추가 진동운동을 하게 된다. 추를 손으로 잡아당겼을 때까지는 추는 힘의 평형에 의한 평형상태에 있지만 추를 잡아당긴 채 잡았던 손을 놓으면 추는 더 이상 힘의 균형상태가 아니기 때문에 용수철과 추는 평형상태를 찾아나가기 위한 운동을 시작하게 되지만 영원히 평형상태에는 도달하지 못하는 안타까운 진동운동의 주인공이 되기도 한다.

단진동(simple harmonic oscillation)은 단순조화 진동 또는 단조화 진동과 같은 뜻의 줄임말인데, 진동운동에서 하나의 진동주기를 가지고 진동의 변위가 sine 또는 cosine 형태의 함수로 나타나는 운동을 의미한다.

용수철에 연결된 물체는 그림 6-7(a)에서와 같이 외력이 작용하지 않을 때 평형상태에 있다. 이 물체를 오른쪽으로 힘 F_A로 잡아당기면 물체는 이 힘에 의해 새로운 평형위치 x_A로 이동하게 되고 용수철은 복원력 $-F_S$를 만들어 외력인 F_A와 상쇄되어 그림 6-7(b)와 같은 평형상태를 이룬다.

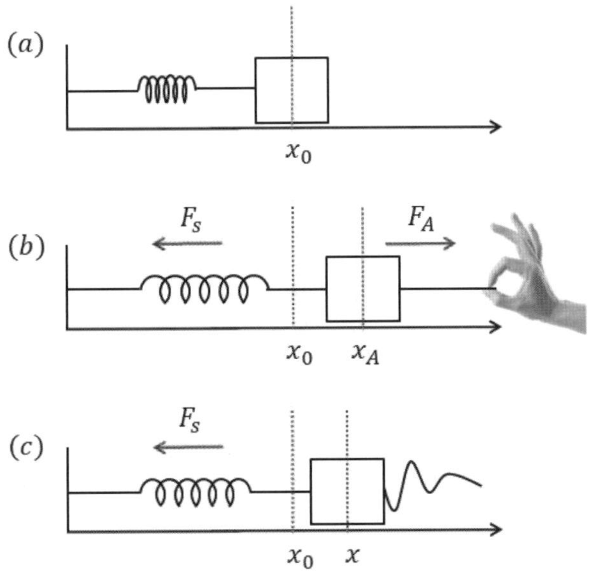

그림 6-7 | 용수철에 연결된 물체에서의 단진동의 발생.

이 때 물체를 잡아당기던 줄을 놓게 되면 물체에는 용수철에 의한 복원력 $-F_S$의 작용에 의해 잡아당겨지던 방향의 반대방향으로 운동을 시작한다. 물체와 바닥 사이의 마찰을 무시할 수 있을 때 그림 6-7(c)와 같이 임의의 위치 x에서 물체에 작용하는 힘에 대한 운동방정식을 세워보면 다음과 같다.

$$F = ma = -F_S \quad \rightarrow \quad m\frac{d^2x}{dt^2} = -k(x-x_0) \tag{6-14}$$

아무런 힘이 작용하지 않는 그림 6-7(a)에서의 평형위치의 좌표 x_0를 0이라고 한다면 식 6-14는 다음과 같은 2차 미분방정식으로 정리된다.

$$m\frac{d^2x}{dt^2} = -kx \quad \rightarrow \quad \frac{d^2x}{dt^2} + \frac{k}{m}x = 0 \tag{6-15}$$

식 6-15는 정확히 식 6-13과 같은 형태이고 상수 $\frac{k}{m}$가 ω^2의 역할을 하고 있다. 따라서 2차 미분방정식을 직접 풀 수는 없다 하더라고 식 6-15의 해는 식 6-8을 이용하여 다음과 같이 쓸 수 있다.

$$x = x_A \cos \sqrt{\frac{k}{m}}\, t \tag{6-16}$$

그리고 단진동운동의 주기 T는 식 6-10을 이용하여 표현할 수 있다.

$$T = \frac{2\pi}{\omega} = 2\pi \sqrt{\frac{m}{k}} \tag{6-17}$$

주기운동에서는 한 번의 운동 사이클을 거치는 시간인 주기 외에도 단위시간동안에 이루어지는 운동 사이클의 빈도수를 정의하기도 하는데 이 빈도수는 주기 T와 다음과 같은 관계를 가지며 frequency f 라고 정의한다. f 의 단위는 Hz (헤르츠) 이다.

$$f = \frac{1}{T} \tag{6-18}$$

실험에서는 그림 6-1처럼 세로방향으로 용수철을 배치하여 이에 대한 용수철 상수를 구한 뒤 이론적인 주기값인 식 6-17과 운동센서를 이용하여 측정한 주기의 실험값을 비교해본다.

3 실험 기구 및 장치

실험세트 박스 : Freefall/SHO

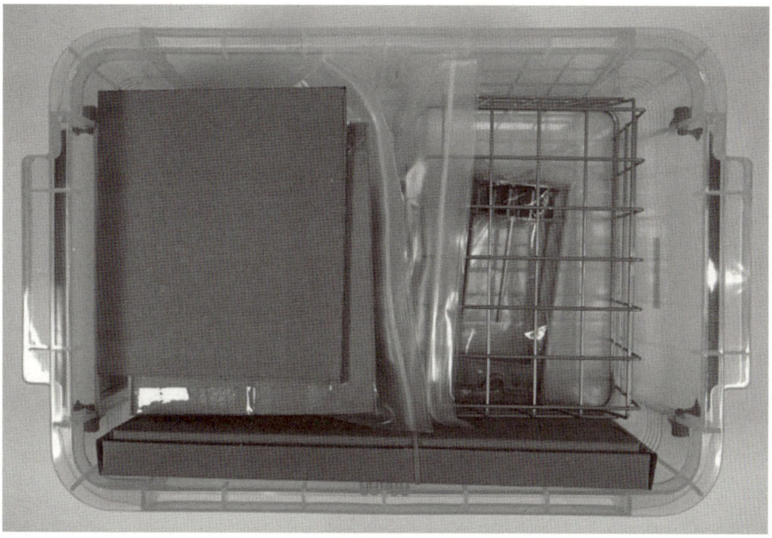

그림 6-8 | 실험세트 박스 수납상태.

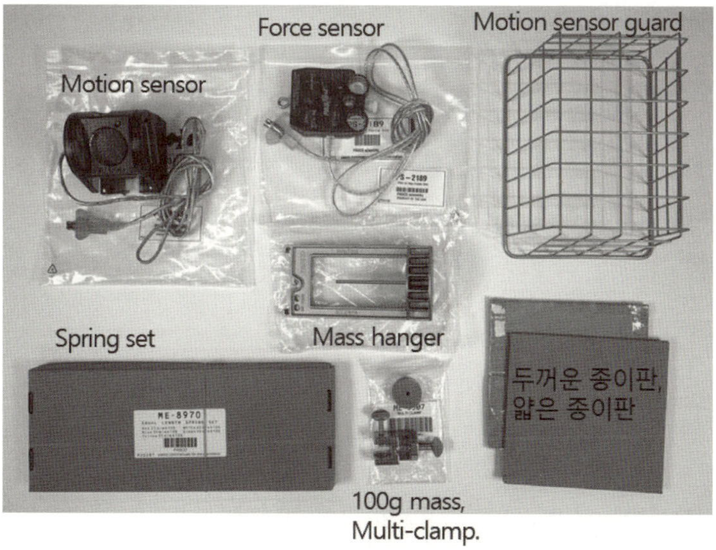

그림 6-9 | 실험세트 수납 내용물.

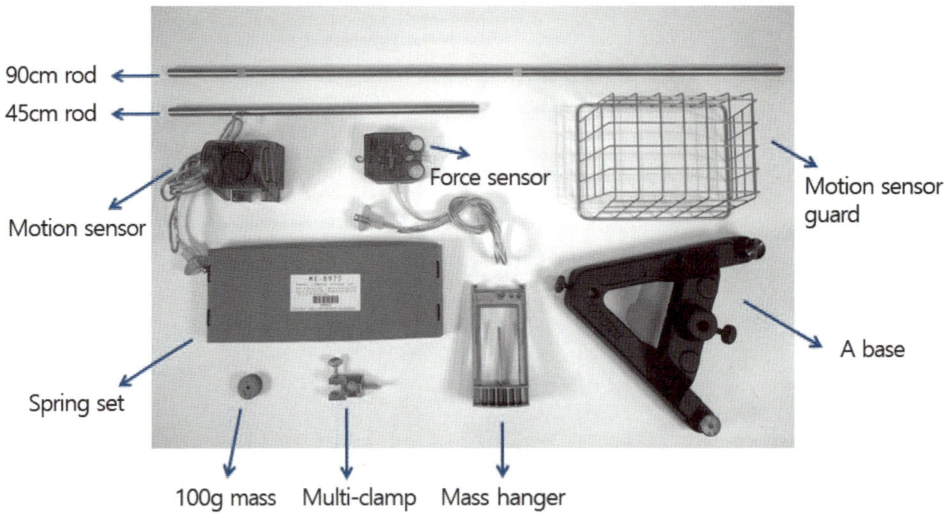

그림 6-10 | 용수철 단진동 실험 필요 부품.

박스 외 부품인 90 cm, 45 cm rod는 부품보관실 악세사리 수납 카트에서 가져온다. Large A base 는 각 실험실의 보관 장소에서 가져온다.

유의사항

1. 실험에 필요한 부품을 그림 6-10에서 확인한 후 보관 박스에서 꺼내고 보관 박스는 PC 모니터 뒤쪽 바닥에 옮겨놓은 후 실험을 시작한다.
2. 수납 시 그림 6-9의 내용물을 확인한 후 부품별 수납 비닐봉지에 물품들을 넣고 지퍼가 있을 경우 지퍼를 닫는다. 그림 6-8과 같이 원래의 상태로 수납이 되도록 한다. 박스의 방향이 바뀌지 않도록 주의하며, 박스의 라벨은 왼쪽에 위치하도록 한다. 모든 물품은 사용 후 원래의 보관 장소와 위치로, 원래의 보관 상태로 정리되어야 한다.
3. 기다란 선이 있는 센서 등을 박스에 보관할 때 선을 정리한 후 보관용 비닐봉지에 수납한다.
4. 실험 종료 후 그림 6-11과 같이 정리해 놓는다. PC와 850 인터페이스의 전원은 OFF 시킨다. 퇴실 시 정리 상태를 확인받고 퇴실한다.

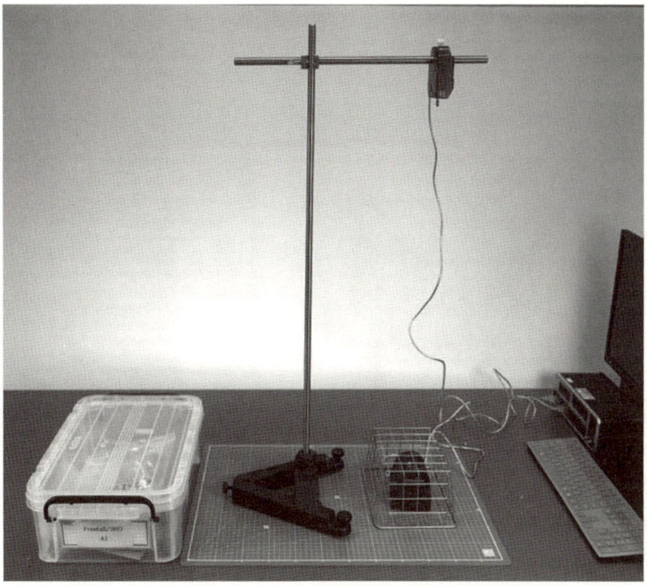

그림 6-11 | 실험 후 정리된 실험테이블의 모습.

4 실험 방법

1. 그림 6-11과 같이 실험세트를 설치한다. 운동센서는 보호용 guard를 설치한다.
2. 힘센서는 Pasport 1번 단자에, 운동센서는 Pasport 2번 단자에 연결한다. 센서 상부의 range switch를 short range ( )로 설정한다.
3. 실험대 PC의 바탕화면 우측 상단에서 '1학기 실험' 폴더를 찾아 '용수철단진동.cap' 파일을 더블클릭하여 측정용 소프트웨어를 시작한다. 센서의 sampling rate는 50 Hz를 사용한다.

스프링 상수값 측정

4. Red 용수철을 힘센서 고리에 걸고 흔들림이 없게 한 후에 용수철의 길이(용수철의 말린 부분만의 길이)를 줄자로 측정하여 기록한다.
   그림 6-12와 같이 추걸이(200 g)와 추걸이+100g 추(총 300 g)를 매달았을 때의

스프링 길이도 각각 측정한다.

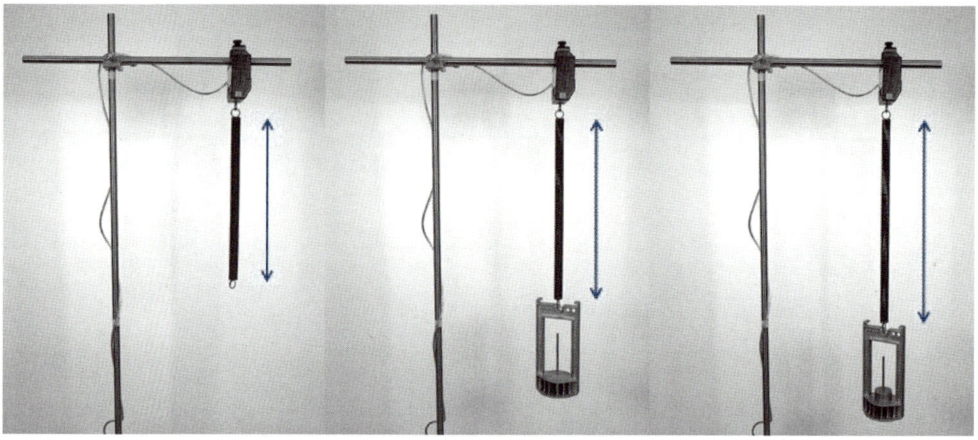

(a) (b) (c)

그림 6-12 | 매달린 추의 질량에 따른 용수철의 늘어난 길이 측정.
(a) 매달린 질량이 $0g$ 일 때, (b) 매달린 질량이 $200g$ 일 때, (c) 매달린 질량이 $300g$ 일 때.

단진동 운동의 발생과 측정

5. 그림 6-11과 같이 운동센서를 추걸이 바로 아래에 위치시킨다.
6. Red 용수철을 설치하고 추걸이와 100 g 추를 매단다. 추와 용수철이 진동없이 평형상태가 되었을 때, 측정 프로그램의 RECORD 버튼을 눌러 측정이 이루어지는 가운데 힘 센서의 ZERO 버튼을 누른다(힘센서 0점 조정). 화면의 그래프에서 측정된 힘이 0이 되었는지 확인하고 STOP을 눌러 측정을 중단한다.
7. 측정 프로그램의 RECORD 버튼을 눌러 측정을 시작한 상태에서 추걸이를 아래로 약 5 cm 정도 잡아당겼다가 놓아줌으로써 진동을 발생시킨다. (**5 cm를 넘지 말 것**) 약 7-8회의 진동운동 후 측정프로그램을 STOP 시킨다. 측정 그래프에서 주기와 진폭을 구한다.
8. Blue 용수철을 설치하고 추걸이를 매단 후 힘센서를 0점 조정한다.
   측정 프로그램의 RECORD 버튼을 눌러 측정을 시작한 상태에서 추걸이를 아래로 약 3 cm 정도 잡아당겼다가 놓아줌으로써 진동을 발생시킨다. (**3 cm를 넘지 말 것**) 약 7-8회의 진동운동 후 측정프로그램을 STOP 시킨다. 측정 그래프에서 주기와 진폭을 구한다.

9. Blue 스프링에 추걸이와 100 g 추를 매단 후 힘센서를 0점 조정한다. 측정 프로그램의 RECORD 버튼을 눌러 측정을 시작한 상태에서 추걸이를 아래로 약 5 cm 정도 잡아당겼다가 놓아줌으로써 진동을 발생시킨다. (**5 cm를 넘지 말 것**)
   약 7-8회의 진동운동 후 측정프로그램을 STOP 시킨다. 측정 그래프에서 주기와 진폭을 구한다.

실험 6 | 용수철 단진동 실험 결과

1. 실험값 및 계산

(1) 스프링 상수 측정

스프링의 말려진 부분의 길이 측정

스프링	매달린 질량 0 g	매달린 질량 200 g	매달린 질량 300 g
Red			
Blue			

스프링 상수 계산값

$k\,(N/m)$	Red	Blue
계산값		
표기값	25	30

계산 시 $\Delta F = k \cdot \Delta y = \Delta m \cdot g$ 이용. $(g = 9.81\ m/s^2)$

(2) 주기와 진폭 측정

A. Red 스프링

측정값

추 질량 (추걸이 포함)	5회 진동 시간 (s)	주기 (s)	진동수 (Hz)	진폭 (m)
300 g				

진동수는 $f = \dfrac{1}{T}$ 식으로 계산할 것.

주기 이론값

추 질량 (추걸이 포함)	k (N/m)	주기 (s)	주기 오차 (%)
300 g			

$T = 2\pi\sqrt{\dfrac{m}{k}}$. 스프링 상수 k는 실험적으로 측정한 값을 이용할 것.

주기 오차는 다음과 같이 주기의 이론값 대비 측정값이 가지는 오차로 계산한다.

주기 오차 = $\left|\dfrac{T_{\exp} - T_{cal}}{T_{cal}}\right| \times 100$ (%)

B. Blue 스프링

측정값

추 질량 (추걸이 포함)	5회 진동 시간 (s)	주기 (s)	진동수 (Hz)	진폭 (m)
200 g				
300 g				

진동수는 $f = \dfrac{1}{T}$ 식으로 계산할 것.

주기 이론값

추 질량 (추걸이 포함)	k (N/m)	주기 (s)	주기 오차 (%)
200 g			
300 g			

$T=2\pi\sqrt{\frac{m}{k}}$. 스프링 상수 k는 실험적으로 측정한 값을 이용할 것.

주기 오차는 다음과 같이 주기의 이론값 대비 측정값이 가지는 오차로 계산한다.

주기 오차 = $\left|\frac{T_{\exp}-T_{cal}}{T_{cal}}\right|\times 100$ (%)

2. 실험 분석 질문

(1) 용수철상수 측정실험에서 힘에 대한 offset 값이 존재하는 이유, 용수철의 배치 방향에 따라 동일한 용수철에 대해 offset 값과 용수철상수가 차이가 나는 이유 등에 대해 생각해본다.

(2) 주기의 이론값과 실험값 사이의 오차 발생 원인에 대해 추론해본다.

(3) 주기에 대한 이론값을 구할 때 $T=2\pi\sqrt{\frac{m}{k}}$ 라는 식을 사용하였다. 만약 같은 스프링을 가지고 지구가 아닌 달에서 용수철 단진동의 주기측정 실험을 하였을 때, 측정된 운동주기가 지구에서와 같을까, 다를까? 그 이유는 무엇인지 설명해 본다.

7. 탄도진자

1 실험 목적

날아가는 물체가 줄에 매달려있는 물체와 충돌할 경우 에너지를 전달받은 줄에 매달린 물체는 진자운동을 하게 된다. 이러한 탄도진자 운동에 있어서 운동량보존법칙과 에너지보존법칙을 적용하여 탄도체와 진자의 충돌 전후의 물리량들에 대해 예측이 가능하고 이 값들을 측정값과 비교하여 본다. 이러한 수식 적용에 있어서 필요한 실험 조건을 어떻게 찾아나가는지에 대한 실험적 감각을 길러 본다.

2 이론 및 원리

1. 실험 상황

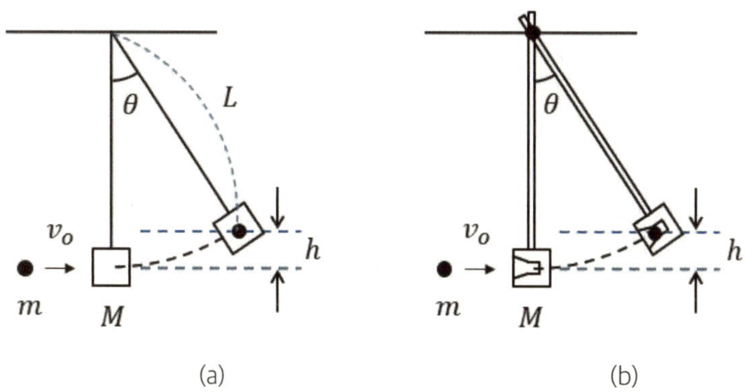

그림 7-1 | 탄도진자의 운동.

그림 7-1(a)와 같이 탄도체가 줄에 매달린 물체와 충돌하면 탄도체의 운동량 일부를 전달받은 매달린 물체는 진자운동을 시작하게 된다. 이것을 탄도진자운동이라고 한다. 탄도진자(ballistic pendulum)의 운동은 일반물리학 교재에서 흔히 접하게 되는 문제 중의 하나이다. 이를테면 그림 7-1(a)와 같이 질량을 무시할 수 있는 줄에 매달린 나무토막에 총알이 박혀 총알 + 나무토막이 높이 h 만큼 상승했을 때 h를 측정하여 중력 퍼텐셜에너지를 구하면 총알의 속도를 알아낼 수 있다. 현실적인 실험실 상황에서 총알 대신 쇠구슬과 쇠구슬을 잡아낼 수 있는 그림 7-1(b)의 질량 M으로 나타나있는 catcher라는 부품과 줄이 아닌 catcher를 지지할 수 있는 막대기 모양의 지지대를 사용할 경우, 지지대는 더 이상 질량을 무시할 수 있는 물체가 아니다. 이런 경우에는 퍼텐셜에너지를 구하기 위한 높이 변화 h를 그림 7-1(b)와 같이 단순하게 쇠구슬 + catcher의 높이변화로 생각할 수 있을까?

2. 질량 중심

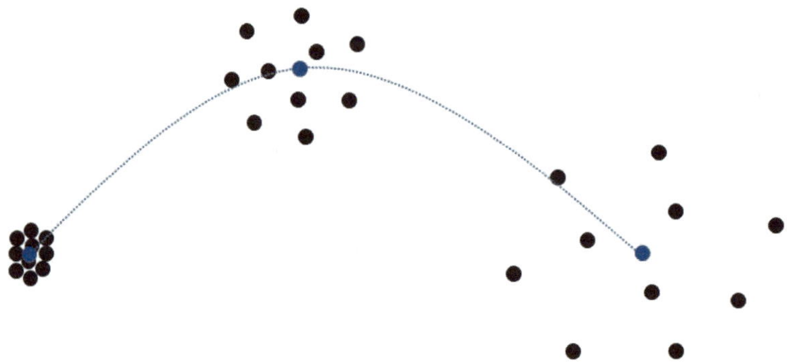

그림 7-2 | 입자계의 운동.

여러 개의 구슬들을 한 움큼 손으로 잡고 있다가 던지는 경우를 가정해보자. 시간이 지남에 따라 구슬들이 퍼져서 날아가는 경우일 때, 각각의 시점에서 구슬들의 중심점을 찾아서 시간의 흐름에 따라 연결해보면 마치 하나의 입자가 날아갈 때 생기는 포물선 운동의 궤적과 같은 모양으로 나타나게 된다. 이러한 성질을 만족하는 구슬들의 중심점을 질량중심이라고 한다. 여러 구슬들의 모임 또는 연속적인 질량분포를 가진 물체로서의 입자계의 질량중심은 입자계의 모든 질량이 질량중심 한 점에 모여 있고 외부로부터 입자계에 작용하는 힘이 입자계의 질량중심에 작용한 것처럼 운동이 발생하게 된다.

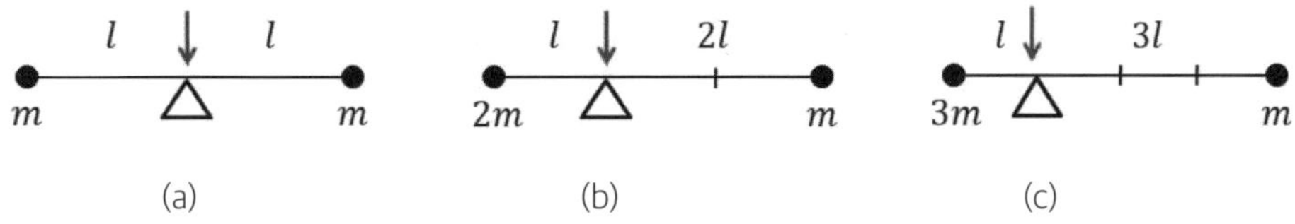

그림 7-3 | 질량중심의 실험적 측정.

그림 7-3과 같이 질량을 무시할 수 있는 가느다란 막대기의 양쪽 끝에 두 질점이 매달린 1차원 형태의 질량분포를 가진 물체에 대해 좌, 우 어느 쪽으로도 기울어짐이 없는 삼각지지대의 평형 위치를 알아내는 실험을 한다고 가정해보자. 그림 7-3(a)의 경우는 곧바로 평형위치가 가운데 정중앙의 위치임을 알 수 있고 좌, 우 질량 비율이 2:1인 그림 7-3(b)에서는 막대기의 길이 비율이 1:2인 위치가, 질량 비율이 3:1인 그림 7-3(c)의 경우에는 막대기의 길이 비율이 1:3인 위치가 실험적인 평형 위치로 확인이 된다. 평형 위치는 곧 질량중심이 되는데 물체의 모든 질량이 모아져있는 질량중심이 삼각지지대의 지지점 위에 올라와 있기 때문에 어느 쪽으로도 기울어지지 않는다고 생각할 수 있기 때문이다.

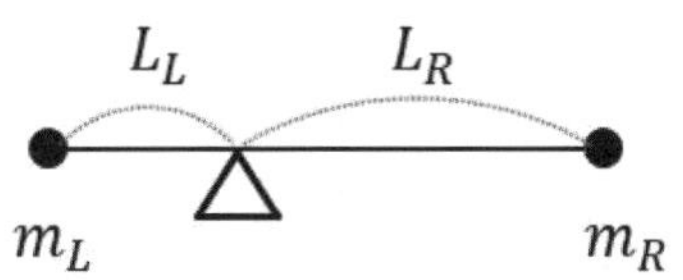

그림 7-4 | 일반적인 질량비율과 거리비율에 따른 질량중심의 측정.

그림 7-3에서 직관적으로 알 수 있는 것은 질량비와 지지점을 중심으로 한 막대기의 길이 비율이 역비례한다는 것이다. 그림 7-4와 같은 일반적인 질량과 길이비율을 가진 경우에 대해 수식으로 표현해본다면 다음과 같다.

$$m_L : m_R = L_R : L_L \quad \rightarrow \quad m_L L_L = m_R L_R \tag{7-1}$$

좌표계 내에서 질량중심의 좌표값을 구해내는 방법을 살펴보기 위해 그림 7-5와 같이 두 질점의 질량이 배치되어 있다면 식 7-1을 적용하면 식 7-2와 같다.

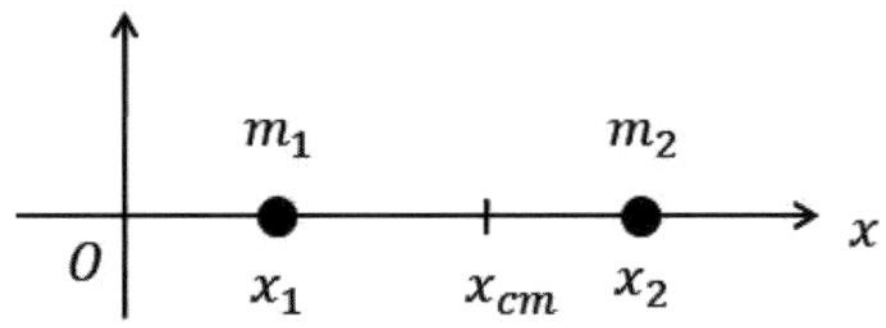

그림 7-5 | 좌표계에 배치된 질량 분포.

$$m_1(x_{cm} - x_1) = m_2(x_2 - x_{cm}) \rightarrow x_{cm} = \frac{m_1 x_1 + m_2 x_2}{m_1 + m_2} \tag{7-2}$$

이를 응용하여 여러 개의 질점들이 일차원으로 분포하는 경우에서의 일반화된 표현은 다음과 같이 쓸 수 있다.

$$x_{cm} = \frac{\sum_i m_i x_i}{\sum_i m_i} \tag{7-3}$$

이것을 3차원에서의 질점들의 분포로 확장해보면

$$\vec{r}_{cm} = \frac{\sum_i m_i \vec{r}_i}{\sum_i m_i} \tag{7-4}$$

가 된다. 질점이 아닌 연속체로서의 분포에 대해서는 연속체의 크기를 매우 잘게 잘라나가는 극한과정과 자른 조각들의 질량들을 합하는 과정이 수학적으로 적분으로 표현되기 때문에 이를 적용하면 다음과 같은 적분식으로 변형되어 표현이 된다.

$$\vec{r}_{cm} = \frac{\int \vec{r}\, dm}{\int dm} \tag{7-5}$$

3. 진자운동의 분석

그림 7-1(a)의 실험은 진자(총알 + 나무토막)의 높이변화 또는 회전각도로부터 총알의 속도를 알아내는 것이다. 높이변화 h는 회전각도 θ와 동등한 정보로서 다음과 같은 관계를 가진다.

$$h = L(1-\cos\theta) \tag{7-6}$$

충돌 직후의 총알 + 나무토막의 속도가 V라면 이것의 운동에너지가 모두 중력 퍼텐셜에너지로 변환될 때 최대 높이변화 h가 발생할 것이다. 따라서 속도 V는 에너지보존법칙을 통해서 유추할 수 있다.

$$(m+M)gh = \frac{1}{2}(m+M)V^2 \tag{7-7}$$

여기서 m은 총알의 질량, M은 나무토막의 질량이다.

한편 총알이 나무토막과 충돌하는 과정에서 충돌 직전과 충돌 직후의 순간들은 일차원 직선운동의 순간적인 부분으로 생각할 수 있기 때문에 선운동량보존법칙을 적용하면

$$mv_o = (m+M)V \tag{7-8}$$

가 성립한다. 따라서 식 7-6, 7-7, 7-8을 결합하면 총알의 발사속도 v_o를 알아낼 수 있다.

$$v_o = \frac{m+M}{m}\sqrt{2gL(1-\cos\theta)} \tag{7-9}$$

이와 같은 내용을 그림 7-1(b)의 진자 실험에도 적용할 수 있는데, 이 경우 식 7-8은 어디까지나 근사식으로서 적용되는 것이다. 그림 7-1(b)에서의 핵심은 식 7-7의 퍼텐셜에너지 항에 사용되는 높이변화 h를 무엇의 높이변화로 보아야 하는가이다. 그림 7-1(a)와 7-1(b)의 가장 큰 차이점은 그림 7-1(b)에서의 ball catcher를 지지하는 막대기

가 그림 7-1(a)의 경우와 같이 질량을 무시할 수 있는 줄이 아니고 유한한 질량을 가지고 있다는 점이다. 쇠구슬이 catcher와 충돌한 직후는 쇠구슬 + catcher + 지지대가 하나의 물체가 된 상태이고 이것의 질량중심은 중력과 같은 외부로부터의 힘의 작용을 받아 운동하면서 물체 전체의 운동에 대한 기술을 대신할 수 있다. 따라서 쇠구슬 + catcher + 지지대의 질량중심의 높이변화가 쇠구슬 + catcher + 지지대의 퍼텐셜에너지 변화를 의미한다.

쇠구슬 + catcher + 지지대의 질량중심은 그림 7-3의 방법을 응용하여 구할 수 있다. (그림 7-6 참조) 여기서 L은 회전축으로부터 질량중심까지의 거리로 정의된다.

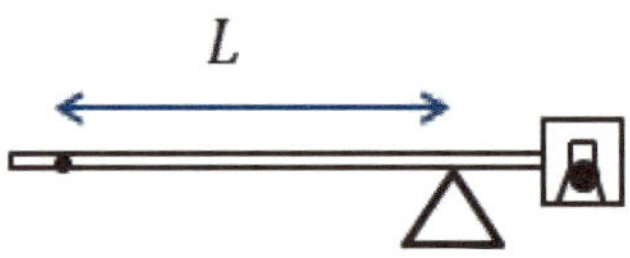

그림 7-6 | 쇠구슬 + catcher + 지지대의 질량중심.

내용상 그림 7-1(a)와 그림 7-1(b)는 동일하며 수식의 적용에 있어서 그림 7-1(b)의 경우 회전체의 회전반경 L은 회전축으로부터 쇠구슬 + catcher + 지지대의 질량중심까지의 거리라는 점과 수식에서의 질량 M은 catcher + 지지대의 질량이어야 한다는 점에 유의한다.

[참고사항]

쇠구슬이 catcher에 충돌한 직후의 상황을 자세히 살펴보면, 쇠구슬 + catcher는 지지대에 연결되어 있고 지지대는 회전운동 센서의 반투명 플라스틱 pulley 및 센서의 금속회전축에 고정되어 있다. 엄밀하게 표현하면 충돌 직후에 하나의 물체처럼 운동하는 것은 쇠구슬 + catcher + 지지대 + pulley + 센서회전축 + 고정나사가 된다. 앞선 논의에서 충돌 후 쇠구슬 + catcher + 지지대만을 고려하여 질량중심을 구했던 이유와, 추가적으로 pulley + 센서회전축 + 고정나사의 영향을 반영하기 위해서는 관련된 수식인 식 7-6, 7-7, 7-8을 어떻게 수정해야 하는지 생각해본다. 이 질문을 해결하기 위해서는 회전운동에 관한 학습을 필요로 한다.

pulley + 센서회전축 + 고정나사가 이루는 회전관성을 I_S, 진자의 회전축에서

catcher의 중심까지의 길이를 L_0라고 하면 정확한 쇠구슬의 속도 계산값은 다음과 같다.

$$v_0 = \frac{1}{mL_0}\sqrt{\{(m+M)L^2 + I_S\}\{2(m+M)gL(1-\cos\theta)\}} \tag{7-10}$$

4. 회전운동 센서

본 교재의 실험들에서 회전운동 센서는 자주 쓰이면서도 정밀도가 비교적 높은 센서이다. 앞선 실험에서 사용하였던 스마트 카트의 내부에도 소형화된 회전운동 센서가 내장되어 있어 카트 바퀴가 회전한 각도를 측정한 값에 바퀴의 반지름을 곱하게 되면 카트가 이동한 거리를 알 수 있다.

그림 7-7(a)는 회전운동 센서의 핵심적인 부분을 단순화하여 나타낸 개략도이다. LED는 전원을 공급받으면 빛이 발생하는 반도체 소자이다. 발생한 빛은 보통의 경우 방사상으로 퍼져나가게 되지만 볼록렌즈를 사용하여 평행광으로 만들 수가 있는데, 이렇게 만들어진 평행광이 지나가는 경로에 code wheel이라고 하는 기계적인 인코더가 위치해있다. 그림 7-7(b)와 같이 원형의 code wheel에는 빛이 투과할 수 있는 투명한 부분과 그렇지 못한 부분이 일정한 각도의 간격으로 빗살무늬 모양으로 배치되어 있기 때문에 code wheel이 장착된 바퀴가 회전함에 따라 photodiode detector에서 감지되는 빛이 있음과 빛이 없음 상태를 전산처리하기가 수월한 1과 0의 상태로 바꿀 수가 있고 단위시간당 발생하는 이러한 1과 0으로 구현되는 펄스의 빈도수를 파악하면 회전하는 각도와 각속도를 알 수 있다.

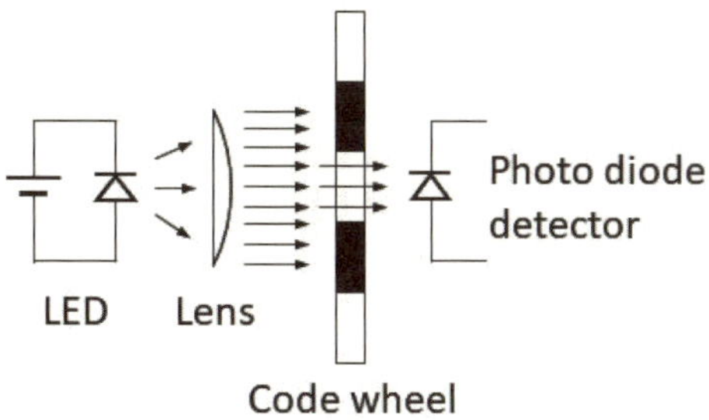

(a)

(b)

그림 7-7 | 회전운동 센서의 구조. (a) 센서의 개략도와 (b) code wheel의 모습.

5. 스마트게이트 센서

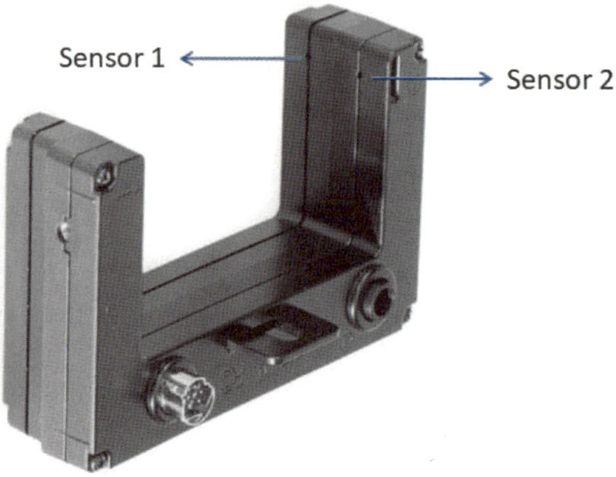

그림 7-8 | 스마트게이트 센서의 모습.

스마트게이트 센서는 회전운동 센서의 기능과 비슷한 원리에 의해 작동을 하는데 적외선발진기와 그 맞은편에 위치한 적외선 센서의 구조를 가지고 있다. 이 사이의 공간에 물체가 위치해 있으면 센서에 빛이 도달하지 못하게 된다. 실험에 사용하는 스마트게이트 센서에는 각각 두 개씩의 적외선발진기와 적외선 센서가 내장되어 있는데, 각 센서에 빛이 차단되는 시간차를 측정하여 이것으로 이미 알고 있는 두 개 센서 사이의 거리를 나누게 되면 통과하는 물체의 속도를 알 수 있다.

3 실험 기구 및 장치

실험세트 박스 : Ballistic

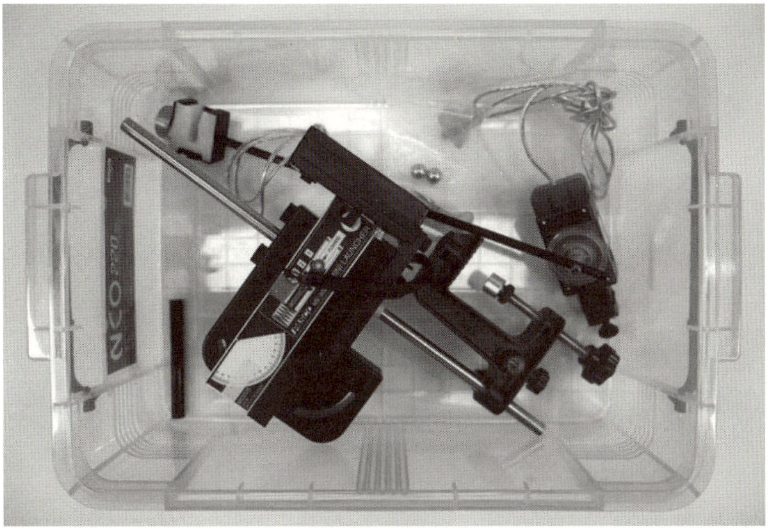

그림 7-9 | 실험세트 박스 수납상태.

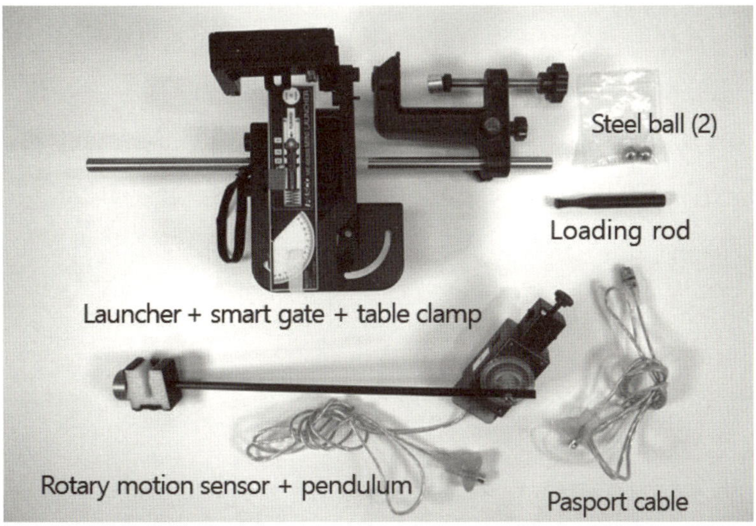

그림 7-10 | 실험세트 수납 내용물.

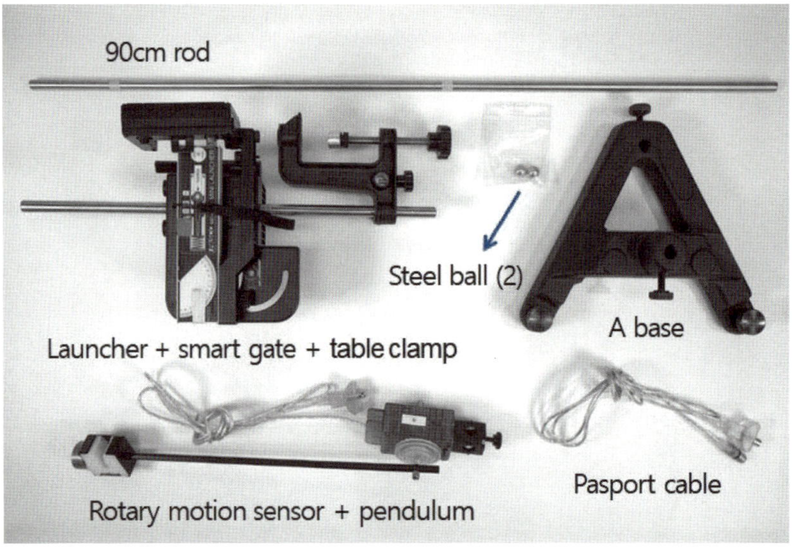

그림 7-11 | 탄도진자 실험 필요 부품.

박스 외 부품인 90 cm rod는 부품보관실 악세사리 수납 카트에서 가져온다. Large A base 는 각 실험실의 보관 장소에서 가져온다.

유의사항

1. 실험에 필요한 부품을 그림 7-11에서 확인한 후 보관 박스에서 꺼내고 보관 박스는 PC 모니터 뒤쪽 바닥에 옮겨놓은 후 실험을 시작한다.
2. 수납 시 그림 7-10의 내용물을 확인한 후 부품별 수납 비닐봉지에 물품들을 넣고 지퍼가 있을 경우 지퍼를 닫는다. 그림 7-9와 같이 원래의 상태로 수납이 되도록 한다. 박스의 방향이 바뀌지 않도록 주의하며, 박스의 라벨은 왼쪽에 위치하도록 한다. 모든 물품은 사용 후 원래의 보관 장소와 위치로, 원래의 보관 상태로 정리되어야 한다.
3. 기다란 선이 있는 센서 등을 박스에 보관할 때 선을 정리한 후 보관용 비닐봉지에 수납한다.
4. 실험 종료 후 실험세트 박스의 구성품들은 그림 7-9와 같이 박스 안에 정리해 놓는다. 그 외 90 cm 막대, A base는 커팅매트위에 그대로 유지한다. PC와 850 인

터페이스의 전원은 OFF 시킨다. 퇴실 시 정리 상태를 확인받고 퇴실한다.

4 실험 방법

1. 그림 7-11에서 보는 바와 같이 Rotary motion sensor와 pendulum, 그리고 45 cm rod, table clamp, Launcher와 smart gate로 구성된 Launcher assembly는 각각 반조립 상태이다.
   Launcher assembly와 Rotary motion sensor + pendulum assembly를 그림 7-12를 참조하여 그림 7-14와 같이 설치한다.

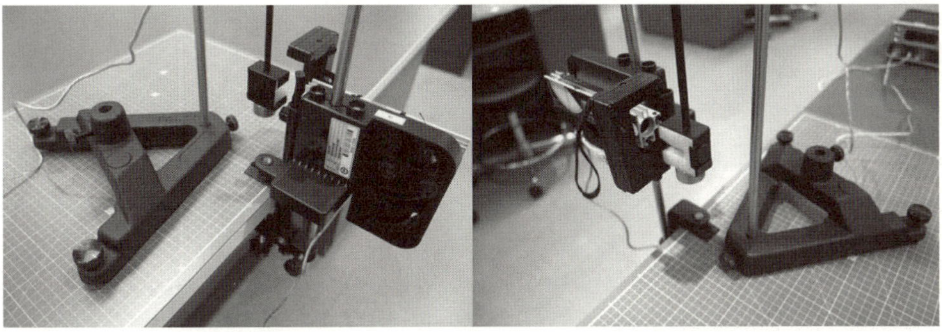

그림 7-12 | 탄도진자 실험장치의 설치.

2. Rotary motion sensor와 smart gate 센서를 850 인터페이스에 연결한다.
3. 설치 후 그림 7-13과 같이 쇠구슬이 발사되어 catcher에 잘 잡힐 수 있도록 pendulum assembly의 위치를 설정한다. Pendulum catcher의 아래 끝 부분이 smart gate 끝부분으로부터 2~3 mm 정도 떨어지도록 위치시킨다.

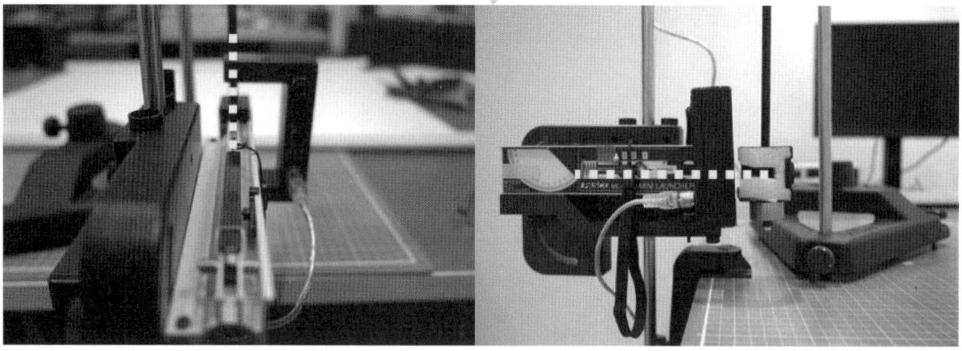

그림 7-13 | 탄도진자 실험장치의 정렬.

4. 설치 후 쇠구슬을 2단 발사 강도로 시험 발사하여 Pendulum의 catcher에 잘 잡히는지를 확인한다. 잘 잡히지 않으면 위치를 미세 조정 한다.

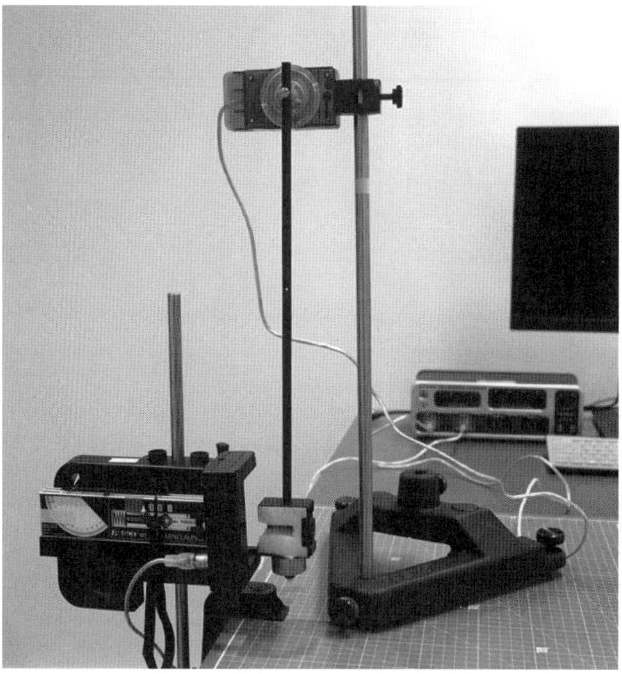

그림 7-14 | 설치가 완료된 탄도진자 실험장치 모습.

5. 실험대 PC의 바탕화면 우측 상단에서 '1학기 실험' 폴더를 찾아 '탄도진자.cap' 파일을 더블클릭하여 측정용 소프트웨어를 시작한다. 회전운동 센서의 측정속도

(sampling rate)는 50 Hz로 설정한다.

6. 스프링의 발사강도를 2단으로 하여 발사하고, 측정된 그래프 화면에서 쇠구슬의 발사속도 v_o와 Pendulum의 회전각도 θ를 기록한다.
7. 스프링의 발사강도를 3단으로 하여 발사하고, 측정된 그래프 화면에서 쇠구슬의 발사속도 v_o와 Pendulum의 회전각도 θ를 기록한다.

1. 실험값 및 계산

기본 측정값 (아래 표의 값을 사용한다)

Steel ball 질량 m (g)	Pendulum 질량 M (g)	Pendulum 길이 L^1 (cm)
16.3	150.0	35.7

Pendulum 질량 M = catcher 질량 + 지지대 질량.

[1]이것은 Pendulum의 회전축으로부터 질량중심까지의 길이로 본문 설명 참조.

(1) 스프링 발사강도 : 2단

이 경우는 pendulum의 측정된 운동 정보를 바탕으로 모른다고 가정한 steel ball의 발사속도를 유추해 보는 계산을 한다. 계산 후 실측된 steel ball의 발사속도와 비교하여 상대적인 오차를 알아본다. 계산값은 위 '기본 측정값'과 측정된 pendulum의 회전각도만으로 진행한다.

측정값

회수	Steel ball 발사속도 v_o 측정값 (m/s)	Pendulum 회전각도 θ 측정값 (rad)
1		
2		

계산값

회수	Pendulum 상승높이 h 이론값 (cm)	충돌 직후의 Steel ball + catcher 속도 V 이론값 (m/s)	Steel ball 발사속도 v_o 이론값 (m/s)
1			
2			

쇠구슬 발사속도의 이론값 대비 오차 (%)

$$= \left| \frac{v_o(\text{측정}) - v_o(\text{이론})}{v_o(\text{이론})} \right| \times 100 = \_\_\_\_\_\_\_\_ \%$$

(2) 스프링 발사강도 : 3단

이 경우는 steel ball의 발사속도를 알고 있을 때, pendulum의 회전 각도가 얼마나 발생할지를 예측해보는 계산을 한다. 계산된 회전 각도와 측정된 실제 회전 각도를 비교하여 상대적인 오차를 알아본다. 계산값은 위 '기본 측정값'과 측정된 steel ball의 발사속도만으로 진행한다.

측정값

회수	Steel ball 발사속도 v_o 측정값 (m/s)	Pendulum 회전각도 θ 측정값 (rad)
1		
2		

계산값

회수	충돌 직후의 Steel ball + catcher 속도 V 이론값 (m/s)	Pendulum 상승높이 h 이론값 (cm)	Pendulum 회전각도 θ 이론값 (degree)
1			
2			

Pendulum 회전각도의 이론값 대비 오차 (%)

$$= \left| \frac{\theta(\text{측정}) - \theta(\text{이론})}{\theta(\text{이론})} \right| \times 100 = \_\_\_\_\_\_\_\_ \%$$

2. 실험 분석 질문

(1) 회전관성에 관한 학습이 이루어진 후에 식 7-9와 식 7-10의 차이가 어느 정도인지 계산해본다.

8. 회전관성

1 실험 목적

회전체가 가지는 회전관성의 물리적 의미와 실험적으로 회전관성을 측정하는 방법론을 살펴본다.

2 이론 및 원리

1. 회전관성의 의미

물리에서 관성(inertia)이라 함은 어떤 물체가 외부로부터 힘의 작용을 받지 않는 한 현재의 운동 상태를 유지하려는 성질을 의미한다. 외력을 받는 경우에는 운동의 변화 정도가 관성의 크기에 따라 다르게 나타나게 될 것이다. 예를 들면 질량이 서로 다른 두 개의 물체가 정지해 있을 때 같은 크기의 힘을 가할 경우 질량이 큰 물체는 질량이 작은 물체보다 발생하는 가속도가 작게 된다. 즉 운동 상태의 변화의 크기가 작게 나타난다. 질량이 무한대의 크기를 가질 경우 발생하는 가속도는 0이 된다. 질량이 클수록 원래의 운동 상태인 정지한 상태를 유지하려는 경향성이 커진다는 것인데, 달리 표현하면 운동 상태를 변화시키기가 더 어렵다 또는 움직이기가 더 어렵다는 말과 같은 의미이다. 따라서 질량이라는 물리량은 수치적으로 구체화되어 표현된 관성의 값이 된다.

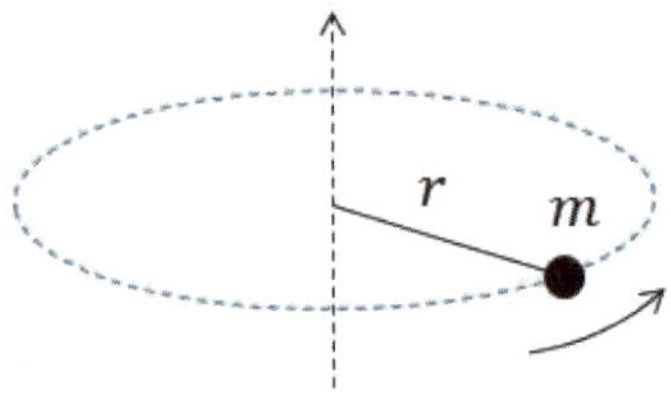

그림 8-1 | 질량 m인 물체가 회전반경 r로 회전하고 있는 모습.

물체를 회전시킬 때도 직선운동에서의 질량과 같은 관성의 개념을 가진 물리량이 존재한다. 그림 8-1과 같이 줄의 끝에 작은 물체를 매달고 돌리는 경우를 생각해보자. 줄에 매단 물체의 질량 m이 클수록 회전시키기가 더 어려울 것이다. 한편 질량 이외에도 물체의 회전반경 r이 클수록 회전시키기가 더 어려워진다. 회전운동의 경우에는 물체의 질량뿐만 아니라 회전반경 또한 물체를 회전시키기 수월한 정도를 결정짓는 요소가 된다. 이러한 사실로부터 물체를 회전시키기 수월한 정도를 나타내는 물리량을 회전관성이라고 한다면 회전관성은 회전물체의 질량과 그 물체의 회전 중심으로부터의 거리에 의해 결정된다. 회전물체가 질점이 아니고 연속적인 질량분포를 가진 유한한 크기의 물체인 경우에는 조금 더 정교하게 표현한다면 회전 중심에 대한 회전물체의 질량분포에 의해 회전관성이 결정된다고 할 수 있다. 회전관성은 문자 I로 표현한다.

2. 회전하는 물체의 회전운동에너지

강체(rigid body)는 물체가 운동을 할 때 물체를 구성하는 미세 부분들 사이의 상대적인 위치가 일정하게 유지되는 물체를 의미한다. 예를 들면 금속성 물체의 경우 강체라고 할 수 있지만 고무덩어리와 같은 탄성을 가진 물체는 운동을 하면서 출렁거릴 수가 있어서 강체라고 할 수 없다.

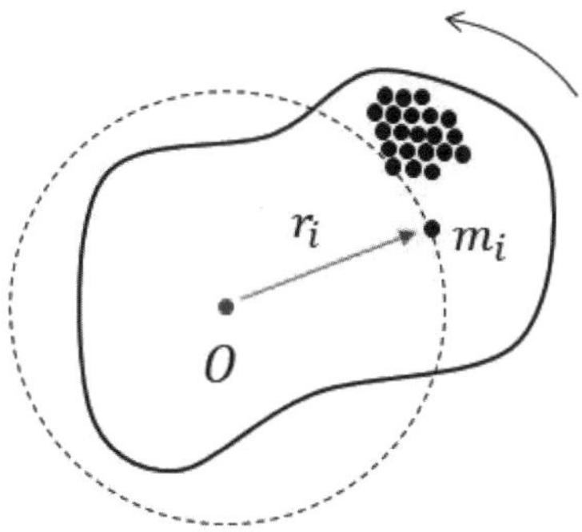

그림 8-2 | 여러 개의 질점으로 이루어진 강체의 회전 운동.

여러 개의 질점으로 이루어진 강체와 같은 물체가 회전축 주위를 일정한 각속도 ω로 회전하고 있을 때, 이 물체 전체의 회전운동에너지는 직선운동에서의 운동에너지 개념을 그대로 적용하여 기술할 수 있다.

$$K = \sum_i \frac{1}{2} m_i v_i^2 = \sum_i \frac{1}{2} m_i (r_i \omega)^2 = \frac{1}{2}\left(\sum_i m_i r_i^2\right)\omega^2 \equiv \frac{1}{2} I \omega^2 \qquad (8\text{-}1)$$

강체는 모든 구성 질점들이 동일한 각속도로 회전축 주위를 돌고 있기 때문에 동일한 ω값을 가진다. 식 8-1을 살펴보면 직선운동에 대한 운동에너지의 표현인 $\frac{1}{2}Mv^2$과 대비되는 형태인데, $\sum_i m_i r_i^2$ 항은 직선운동에서의 질량 M과 비슷한 성격을 가지고 있다고 볼 수 있다. 더욱이 앞서 살펴보았던 내용으로 물체를 얼마나 회전시키기 어려운가를 나타내는 성질로서의 회전관성의 의미가 그대로 반영되어 표현되어 있음을 알 수 있다. 따라서 $\sum_i m_i r_i^2$을 회전관성 I로 정의할 수 있다.

물체의 분포가 구분 가능한 질점들의 모임이 아닌 연속체인 경우는 회전체를 매우 잘게 잘라서 잘라진 조각들이 질점과 같이 취급될 수 있을 정도로 만든 후에 각각의 조각에 의한 회전관성을 합하면 되는데, 이 과정은 다음 식과 같다.

$$I = \sum_i m_i r_i^2 \;\rightarrow\; \lim_{n \to \infty} \sum_i r_i^2 \Delta m = \int r^2 \, dm \qquad (8\text{-}2)$$

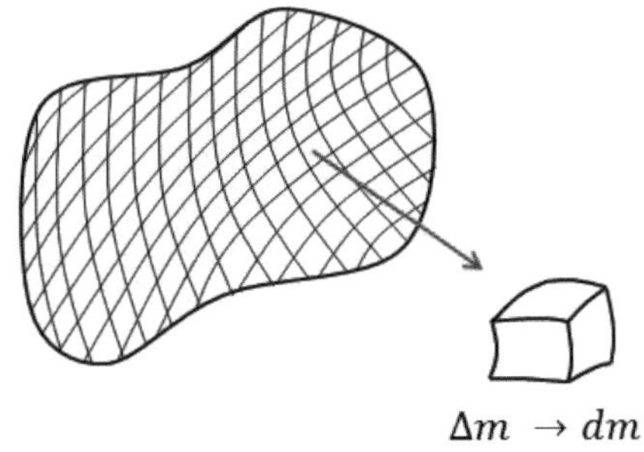

그림 8-3 | 회전관성 계산을 위한 연속체의 질점화 과정.

연속체에 대한 회전관성 식 8-2를 이용한 회전관성 계산의 몇 가지 사례를 살펴보면 다음과 같다.

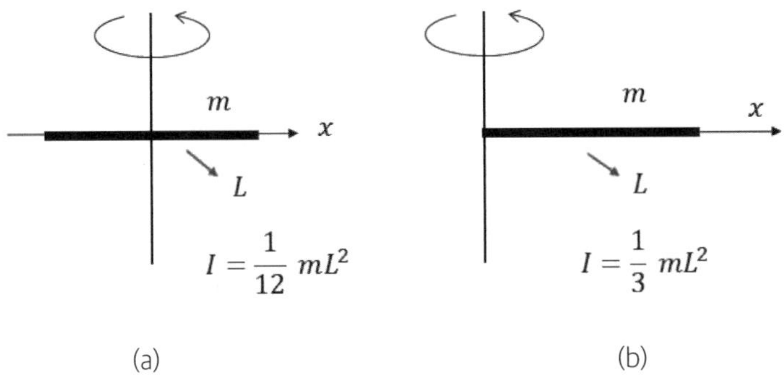

그림 8-4 | 질량이 m이고 길이가 L인 가느다란 막대기의 회전축이 (a) 막대기 중심일 때와 (b) 막대기 끝부분일 때의 회전관성.

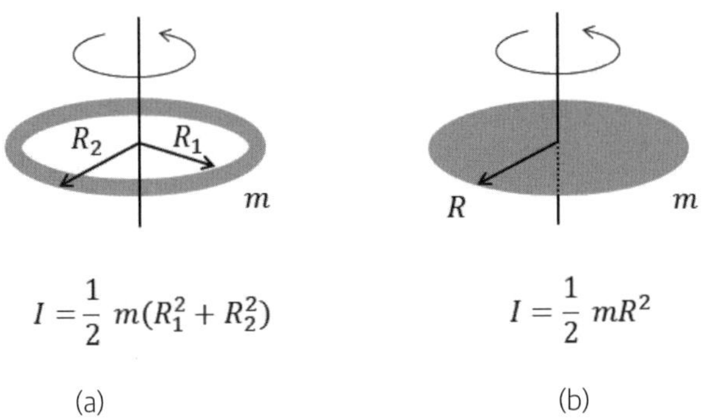

그림 8-5 | 질량이 m인 원형 물체의 질량 분포가 (a) ring 형태일 때와 (b) disk 형태일 때의 회전관성.

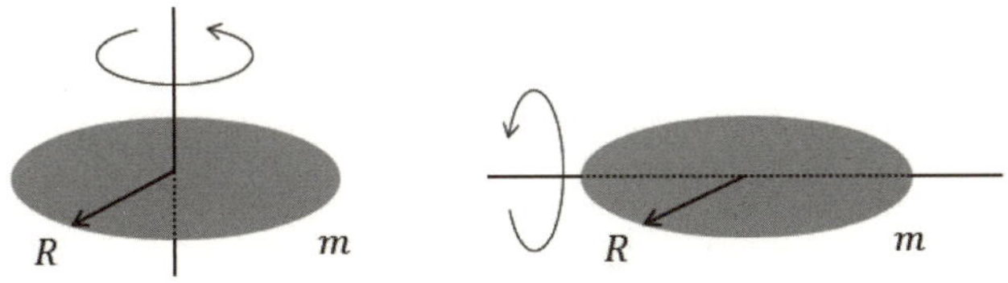

$$I = \frac{1}{2} mR^2 \qquad\qquad I = \frac{1}{4} mR^2$$

(a) (b)

그림 8-6 | 질량이 m인 원형 disk 형태의 물체의 회전축이 (a) disk 중심에서 수직일 때와 (b) disk 중심을 가로지르는 경우의 회전관성.

그림 8-4와 8-6의 경우는 같은 물체라 하더라도 회전축을 어떻게 설정하느냐에 따라 회전운동을 발생시키기 수월한 정도(회전관성)가 달라진다는 점을 잘 보여주고 있다.

3. 토크 (torque)

질량이 m인 물체에 F라는 힘을 가하면 가속도 a가 발생한다. 직선운동의 효과가 얼마만큼 나타나는지는 힘 F에 의해 결정된다. 회전운동을 발생시키기 위해서도 힘 F의 작용이 필요하다.

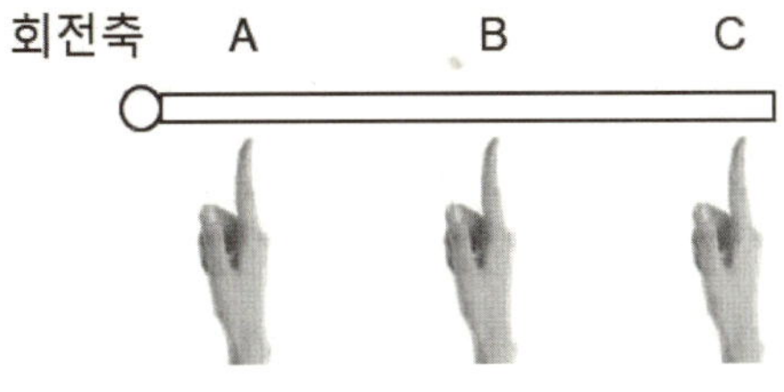

그림 8-7 | 회전축에 고정된 물체에 여러 위치에서 힘이 가해지는 모습.

그림 8-7에서와 같이 회전축의 역할을 하는 경첩으로 벽에 고정되어 있는 문을 위에서 바라본 모습의 상황을 가정해보자. 같은 크기의 힘을 손가락으로 각각 A, B, C 세 위치에 가한다고 했을 때 어느 경우가 회전운동의 효과가 가장 크게 나타날까? 직접 실험을 해보지 않더라도 우리의 간접경험상 C 위치를 밀었을 때가 회전효과가 가장 클 것이다(즉 회전운동이 가장 잘 발생할 것이다). 한편 회전운동의 경우 가해지는 힘 F의

크기뿐만 아니라 힘이 가해지는 방향도 회전효과에 영향을 미치게 된다.

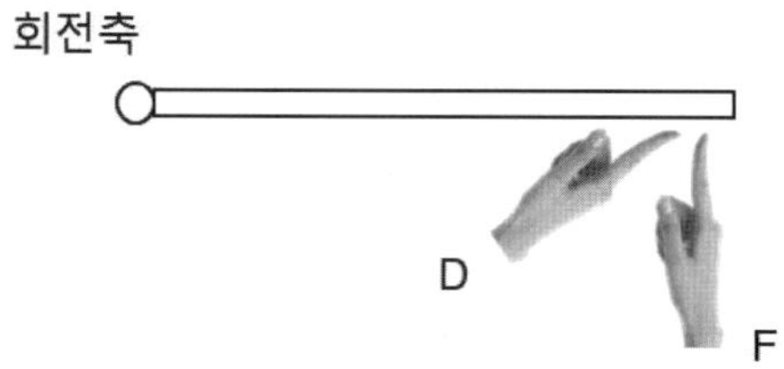

그림 8-8 | 회전축에 고정된 물체에 대해 여러 각도로 힘이 가해지는 모습.

그림 8-8과 같이 같은 위치에 동일한 크기의 힘을 가하더라도 어느 각도로 힘을 작용하느냐에 따라 회전운동의 효과는 다르게 나타날 것이다. 이 경우는 문에 수직인 방향으로 힘 F를 가하는 경우가 문이 가장 잘 돌아갈 것이다.

이제까지 살펴본 회전운동효과를 정량적으로 표현해보기 위해 그림 8-9와 같이 길이가 r인 줄에 질점이 고정되어있는 상황을 가정해보자. 물체의 회전중심축 O로부터 $\vec{r}$만큼 떨어진 질점 위치 P에 $\vec{F}$라는 힘이 가해지는 상황인데, 힘 $\vec{F}$를 평행이동 하여 그림 8-9(b)와 같이 벡터분해를 해보면 알 수 있는 것이 F_r 성분은 물체의 회전에 영향을 미치지 않는다는 사실이다. 앞서 살펴본 바에 의하면 회전축으로부터 힘이 작용하는 점까지의 거리 $r = |\vec{r}|$이 크면 클수록, F_t 성분의 크기가 크면 클수록 회전운동효과는 따라서 커진다. 회전운동효과를 토크 τ라고 표현하면 다음과 같은 내용이 성립한다는 것을 알 수 있다.

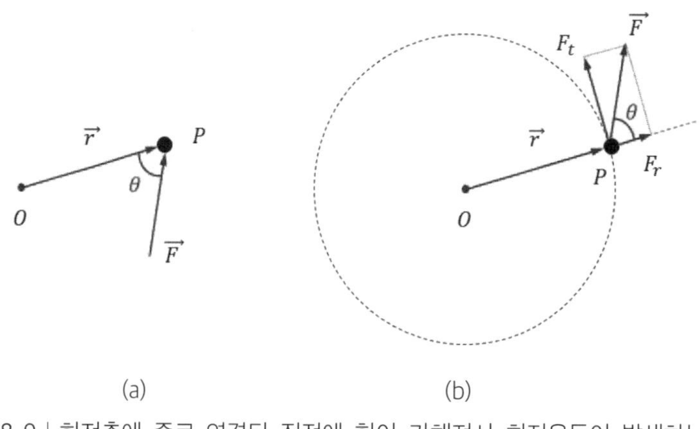

(a) (b)

그림 8-9 | 회전축에 줄로 연결된 질점에 힘이 가해져서 회전운동이 발생하는 상황.

$$\tau \propto r, \quad \tau \propto F_t = F\sin\theta \ \rightarrow \ \tau \propto rF\sin\theta \tag{8-3}$$

위 식에서 비례식은 비례상수를 도입하면 등식으로 변환할 수 있는데, 비례상수를 1로 설정한다면 회전운동효과를 나타내는 토크 τ는 다음과 같이 벡터곱을 이용하여 표현할 수 있고 방향 관계는 그림 8-10과 같다.

$$\tau = rF\sin\theta \ \rightarrow \ \vec{\tau} = \vec{r} \times \vec{F} \tag{8-4}$$

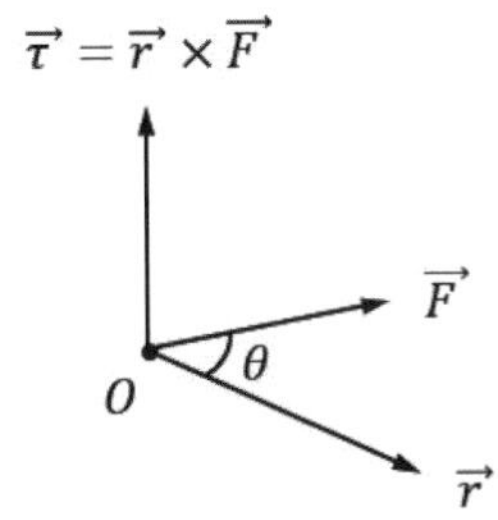

그림 8-10 | 토크 벡터 $\vec{\tau}$와 $\vec{r}$, $\vec{F}$의 방향 관계.

토크 벡터 $\vec{\tau}$의 방향은 각가속도 벡터 $\vec{\alpha}$의 방향과 같으며 물체의 회전면에 수직인 방향이다.

그림 8-9(b)에서 점 P는 원형 궤도 운동을 하게 되는데, 점 P의 원형 궤도 선상에서의 순간 선속도는 원 궤도의 접선방향이며 다음과 같이 쓸 수 있다.

$$\vec{v} = \vec{\omega} \times \vec{r} \tag{8-5}$$

따라서 점 P의 가속도는

$$\begin{aligned}\vec{a} &= \frac{d}{dt}\vec{v} = \frac{d}{dt}(\vec{\omega} \times \vec{r}) = \vec{\alpha} \times \vec{r} + \vec{\omega} \times \vec{v} = \vec{\alpha} \times \vec{r} + \vec{\omega} \times (\vec{\omega} \times \vec{r}) \\ &= \vec{\alpha} \times \vec{r} + [\vec{\omega}(\vec{\omega} \cdot \vec{r}) - \vec{r}(\vec{\omega} \cdot \vec{\omega})] = \vec{\alpha} \times \vec{r} - \omega^2 \vec{r}\end{aligned} \tag{8-6}$$

와 같다. 이것을 식 8-4에 대입하여 수식을 전개해보면

$$\begin{aligned}\vec{\tau} &= \vec{r}\times\vec{F} = \vec{r}\times(m\vec{a}) = m\vec{r}\times(\vec{\alpha}\times\vec{r} - \omega^2\vec{r})\\ &= m\vec{r}\times(\vec{\alpha}\times\vec{r}) - m\omega^2\vec{r}\times\vec{r} = m\vec{r}\times(\vec{\alpha}\times\vec{r})\\ &= m[\vec{\alpha}(\vec{r}\cdot\vec{r}) - \vec{r}(\vec{r}\cdot\vec{\alpha})]\\ &= mr^2\vec{\alpha}\end{aligned} \tag{8-7}$$

와 같다. 여기서 mr^2은 회전축에 대한 질점의 회전관성이다. 여러 개의 질점으로 이루어진 물체의 경우는 각각의 질점에 대한 토크의 벡터 합이 전체 토크가 되기 때문에 다음과 같이 쓸 수 있다.

$$\vec{\tau} = \sum_i \vec{\tau_i} = \sum_i m_i r_i^2 \vec{\alpha} = I\vec{\alpha} \tag{8-8}$$

4. 측정 방법

뉴턴법칙 실험에서는 물체의 질량을 알기 위해 물체에 힘을 가했을 때 발생하는 가속도를 측정하였다. 회전운동의 경우 회전관성을 알기 위해서는 식 8-8의 내용을 이용하여 토크를 가해서 물체를 회전시켜 나타나는 각가속도를 측정해보면 회전관성을 측정할 수 있을 것이라는 기대를 해 볼 수가 있다. 이러한 실험 상황은 그림 8-11과 같은 장치 구성을 통해 구현할 수 있다.

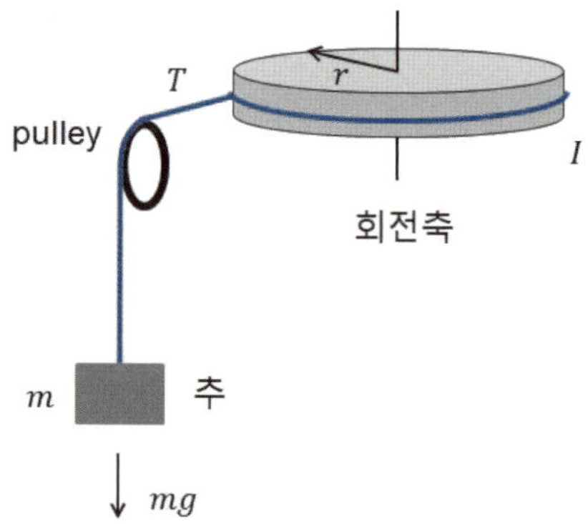

그림 8-11 | 회전관성 측정 셋업.

그림 8-11에서 회전관성을 측정하고자 하는 물체의 테두리에 줄을 감고 그 줄은 도르래를 거쳐 추에 연결되어 있다. 추는 중력에 의해 줄을 잡아당기는 역할을 하여 물체를 회전시키기 위한 것인데, 일정한 힘을 가해야 할 필요가 있을 때 흔히 중력을 이용한다.

질량 m인 추에 중력 mg가 작용하고 이 힘의 일부가 장력 T로 발현하여 원판에 감긴 줄을 잡아당기게 된다. 도르래는 자체 질량이 0이 아니기 때문에 회전체의 회전운동에 영향을 미치기는 하지만 다른 움직이는 물체들에 비해 비교적 질량이 매우 작아 그 영향은 무시한다. 도르래의 주요 기능은 가해진 힘의 작용방향을 바꾸어주는 역할이다. 일정한 크기의 장력 T에 의해 원판회전체는 등각가속도 회전운동을 하게 된다.

이 측정시스템에서 움직이는 물체는 회전 원판과 추, 두 개의 물체이다. 이들 각각에 대한 운동방정식을 살펴보면, 우선 회전 원판에 대해서는 식 8-4와 식 8-8에 의해 토크의 크기는

$$\tau = rT = I\alpha \qquad (8\text{-}9)$$

가 성립한다.

아래로 낙하하는 추에 대해서는 뉴턴법칙을 적용하면

$$mg - T = ma \;\rightarrow\; T = m(g-a) \qquad (8\text{-}10)$$

로 정리된다. 우리가 구하고자 하는 물리량은 회전체의 회전관성 I이므로 T를 매개변수로 하여 정리하면

$$I = \frac{mr}{\alpha}(g-a) \qquad (8\text{-}11)$$

가 얻어지는데, 여기서 추 또는 줄의 운동가속도 a와 회전체의 각가속도는 $a = r\alpha$가 성립하므로 8-11식은 다음과 같이 정리된다.

$$I = mr^2\left(\frac{g-a}{a}\right) = mr^2\left(\frac{g-r\alpha}{r\alpha}\right) \qquad (8\text{-}12)$$

Capstone 프로그램에서 측정하는 물리량은 회전 원판에 연결된 회전운동 센서에서 측정한 각속도 정보이고 각속도 그래프에서 기울기를 구하면 각가속도를 알 수 있다. 낙하하는 추의 가속도를 다른 방법으로 측정하여 가속도 a를 얻어냄으로써 회전관성 I를 구할 수도 있다.

이제까지 실험적으로 살펴본 내용은 직선운동을 하는 추와 회전운동을 하는 회전체에 대해 뉴턴법칙을 적용한 운동방정식을 이용하여 회전관성을 구하는 방법을 살펴보았다. 이번 경우는 에너지보존법칙을 적용하여 회전관성을 구할 수도 있다. 그림 8-11에서 질량 m인 추가 정지 상태로부터 높이차 h만큼 떨어지면서 감소하게 되는 위치에너지는 추의 운동에너지와 원판의 회전운동에너지로 나타나게 되므로 에너지 보존 법칙에 의해 다음 관계가 성립한다.

$$mgh = \frac{1}{2}mv^2 + \frac{1}{2}I\omega^2 \tag{8-13}$$

추는 가속도 a의 등가속도 운동을 하므로 추가 h만큼 내려온 순간의 속도를 v, 줄이 감긴 회전축의 반경을 r이라 하면 다음의 관계가 성립한다.

$$h = \frac{1}{2}at^2 \tag{8-14}$$

$$v = at \tag{8-15}$$

$$\omega = \frac{v}{r} \tag{8-16}$$

이 수식들을 식 8-13에 대입하여 정리하면 식 8-12를 동일하게 얻어낼 수 있다.

5. 측정 내용

본 실험에서는 원형 링과 원판 모양의 물체들의 회전관성 값을 실험을 통해서 측정하고자 한다.

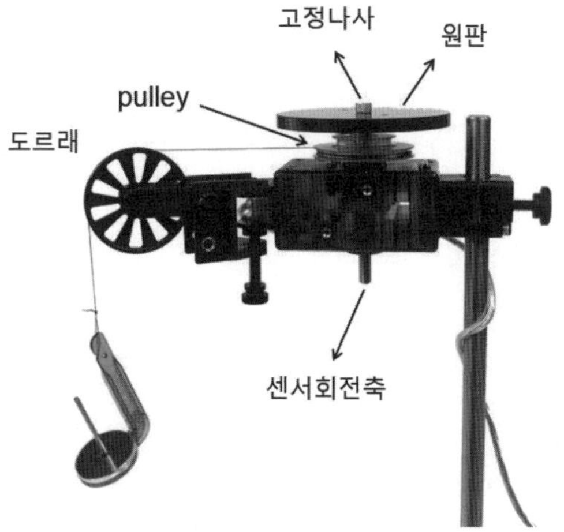

그림 8-12 | 원판 회전관성 측정 셋업의 구조물.

그림 8-12에서의 회전관성 측정 장치의 구조를 살펴보면 줄의 장력을 받아 회전하는 구조물에는 원판과 더불어 줄이 감겨있는 pulley, 고정나사, 센서회전축이 포함되어 있음을 알 수 있다. 원판 모양 물체의 회전관성을 I_D, pulley + 고정나사 + 센서회전축의 회전관성을 I_S라고 하면 그림 8-12의 구성으로 측정된 회전관성은 $I_D + I_S = I_{DS}$의 값이 된다. 원판 모양 물체의 회전관성을 구하기 위해서는 그림 8-12에서 측정한 회전관성 I_{DS}에서 I_S를 빼주어야 한다. 이것은 단 한 번의 측정으로 원판의 회전관성 I_D를 구할 수는 없고 pulley + 고정나사 + 센서회전축의 구성으로 회전관성 I_S를 한 번 더 측정해야 한다는 점을 알 수 있다.

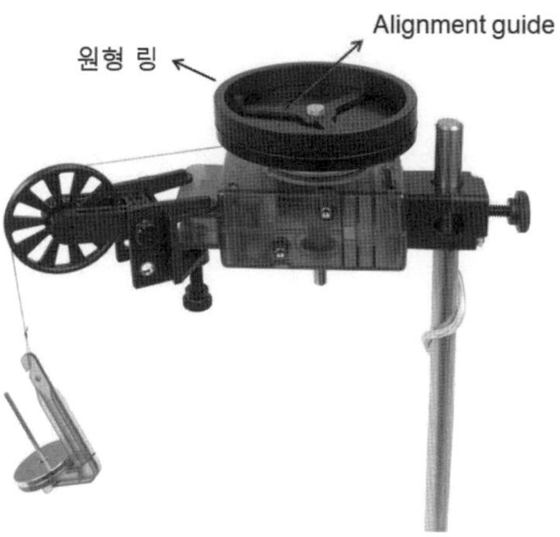

그림 8-13 | 원형 링 회전관성 측정 셋업의 구조물.

그림 8-13과 같이 원형 링의 회전관성 I_R을 측정할 때는 회전 시 원형 링을 지지할 수 있는 alignment guide를 설치해야 하는데, 이 부품은 작은 플라스틱 재질로 되어있어 질량이 가볍기 때문에 이것의 회전관성 효과는 무시한다. 그림 8-13과 같은 구성으로 측정한 회전관성은 $I_R + I_D + I_S = I_{RDS}$이기 때문에 I_{RDS}에서 그림 8-12의 구성으로 측정한 회전관성 $I_D + I_S = I_{DS}$를 빼주면 I_R을 구할 수 있다.

3 실험 기구 및 장치

실험세트 박스 : Rotation

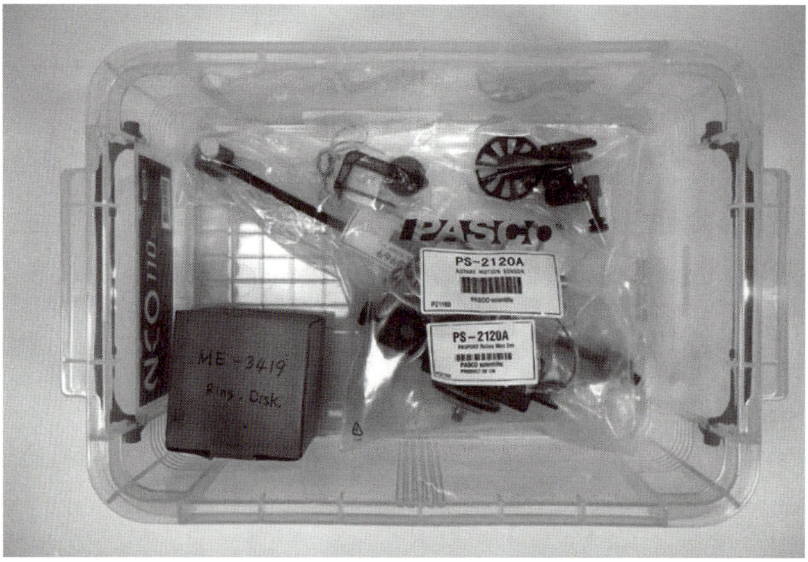

그림 8-14 | 실험세트 박스 수납상태.

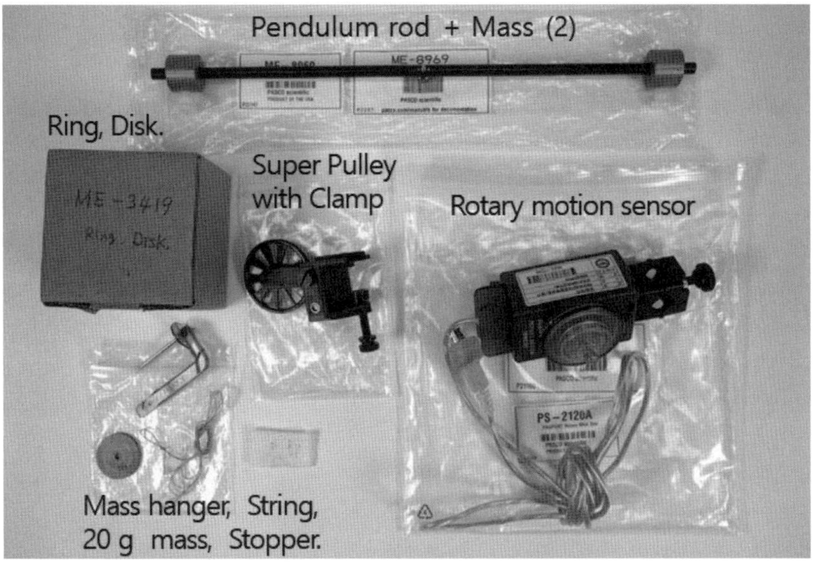

그림 8-15 | 실험세트 수납 내용물.

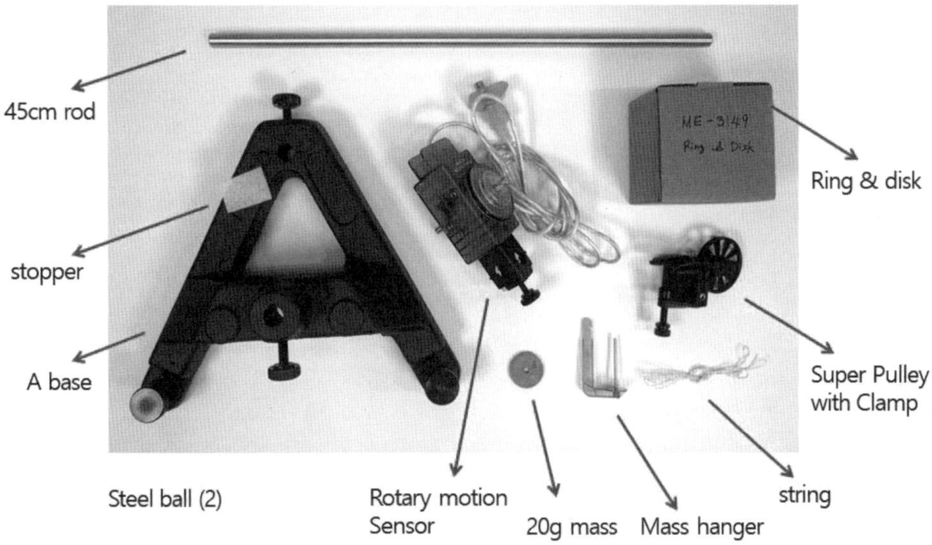

그림 8-16 | 회전관성 실험 필요 부품.

박스 외 부품인 45 cm rod는 부품보관실 악세사리 수납 카트에서 가져온다. Large A base 는 각 실험실의 보관 장소에서 가져온다.

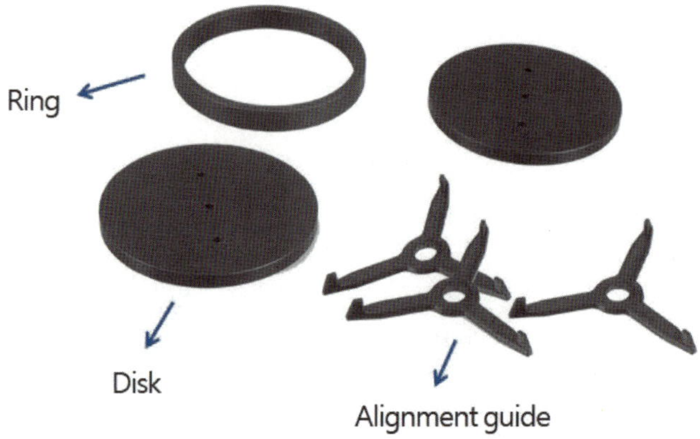

그림 8-17 | 회전체 부품.

유의사항

1. 실험에 필요한 부품을 그림 8-16에서 확인한 후 보관 박스에서 꺼내고 보관 박스는 PC 모니터 뒤쪽 바닥에 옮겨놓은 후 실험을 시작한다.
2. 수납 시 그림 8-15의 내용물을 확인한 후 부품별 수납 비닐봉지에 물품들을 넣고 지퍼가 있을 경우 지퍼를 닫는다. 그림 8-14와 같이 원래의 상태로 수납이 되도록 한다. 박스의 방향이 바뀌지 않도록 주의하며, 박스의 라벨은 왼쪽에 위치하도록 한다. 모든 물품은 사용 후 원래의 보관 장소와 위치로, 원래의 보관 상태로 정리되어야 한다.
3. 기다란 선이 있는 센서 등을 박스에 보관할 때 선을 정리한 후 보관용 비닐봉지에 수납한다.
4. 실험 종료 후 실험세트 박스의 구성품들은 그림 8-14와 같이 박스 안에 정리해 놓는다. 그 외 45 cm 막대, A base는 커팅매트위에 그대로 유지한다. PC와 850 인터페이스의 전원은 OFF 시킨다. 퇴실 시 정리 상태를 확인받고 퇴실한다.

4 실험 방법

그림 8-18 | 설치된 회전관성 실험장치 모습.

1. 그림 8-18과 같이 A base, 90 cm rod, 회전운동센서, 도르래를 조립, 설치한다.
2. 회전운동 센서의 연결선을 850 인터페이스에 연결한다.
3. 실험대 PC의 바탕화면 우측 상단에서 '1학기 실험' 폴더를 찾아 '회전관성.cap' 파일을 더블클릭하여 측정용 소프트웨어를 시작한다. 센서의 sampling rate는 50 Hz를 사용한다.
4. 회전관성 악세사리 중에서 표시되어 있는 원형 링과 원판 각각의 질량, 원형 링에 표시되어 있는 안쪽 반지름(R_1)과 바깥쪽 반지름(R_2), 원판의 반지름(R)을 실험 결과지에 기록한다.
5. 회전운동 센서 상부의 반투명 pulley에는 세 개의 반지름을 가지는 원형 홈들이 있는데, 추와 연결할 줄의 끝부분 고리모양 부분을 가장 작은 휠에 걸고 그림 8-19와 같이 pulley의 중간 휠에 반시계 방향으로 감기도록 한다. 검은색 도르래로 향하는 줄과 도르래의 면이 일직선이 되도록 도르래의 방향을 미세조정 한다.

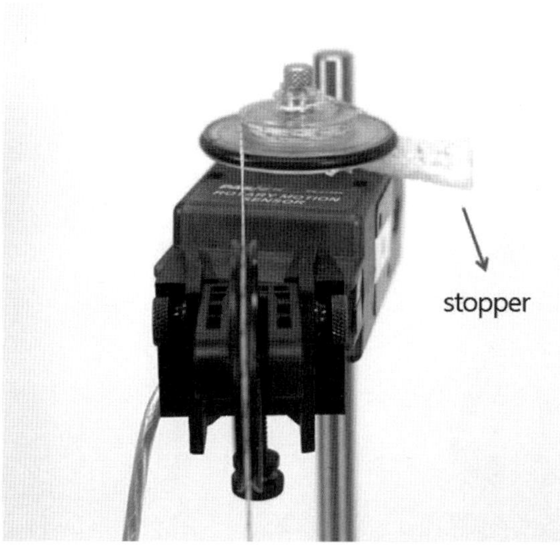

그림 8-19 | 추걸이용 줄의 설치.

6. 원판과 원형 링, alignment guide 부속품을 그림 8-13과 같이 조립하여 장착한다. 줄을 pulley에 감아놓고 추걸이를 설치하면 추걸이의 질량 때문에 줄이 풀리게 된다. 따라서 그림 8-19와 같이 동봉된 PE폼으로 된 stopper를 pulley와 센서 본체 사이의 틈에 끼워 넣으면 손으로 회전체를 잡고 있지 않더라도 줄이 풀리는 것을 방지할 수 있다.
7. 20 g 추를 추걸이에 걸고 측정 프로그램을 작동시킨 후 stopper를 신속하게 뽑아 추를 낙하시킴으로써 회전 구조물의 각속도를 측정한다.

[주의사항]

(1) 반투명 pulley와 검은색 pulley 사이의 줄은 지면과 수평을 이루도록 검은색 pulley의 각도를 조정해야 한다.
(2) 추가 낙하하면서 흔들거리지 않도록 낙하 전에 안정시킨다. (흔들거리면서 낙하할 경우의 물리적인 문제점을 생각해본다)

8. 측정된 그래프에는 등각가속도 운동이 나타날 텐데 1차 곡선 fitting 기능을 이용하여 각속도 그래프의 기울기를 찾아낸다. 이것이 각가속도가 된다. 이 값으로 $I_R + I_D + I_S = I_{RDS}$를 구하게 된다.

9. 원형 링과 alignment guide를 제거하고 나머지 구성품들만의 조합으로 그림 8-12와 같이 조립한 후 6 - 8 과정을 반복하여 각가속도를 구한다. 여기서 구한 각가속도는 $I_D + I_S = I_{DS}$를 구하는데 사용된다.

10. 그림 8-12에서 원판을 제거한 후 6 - 8 과정을 반복하여 각가속도를 구한다. 이때 회전하는 구조물은 pulley + 고정나사 + 센서회전축인데 질량 분포가 회전축에 가까운 구조라서 회전관성이 작아 큰 각가속도가 발생할 것이다. 따라서 추의 낙하가속도를 작게 만들기 위해서 추를 사용하지 않고 추걸이의 질량 5 g 만 사용한다.

    여기서 구한 각가속도는 I_S를 구하는데 사용된다.

실험 8 | 회전관성 실험 결과

1. 실험값 및 계산

회전체 측정 (원형 링과 원판에 표시된 값들을 확인하여 기입한다)

	Ring 질량 (g)	Disk 질량 (g)	r (mm)
측정값			

r은 $I(\text{측정값}) = mr^2\left(\frac{g-a}{a}\right)$의 계산에 사용되는 반지름이다. 어떤 물체의 반지름인지 확인한다.

	Ring 내경 R_1 (cm)	Ring 외경 R_2 (cm)	Disk 반경 R (cm)
측정값			

각가속도 측정

각가속도 α (rad/s^2)			
회수	Ring + Disk + 회전센서	Disk + 회전센서	회전센서
1			
2			
3			
평균			
추 질량 (g)	25	25	5

Alignment guide는 Ring과 함께 제거한다.

참고

Ring alignment guide의 경우 측정값에 영향을 미칠 수도 있지만 2 g 미만의 작은 질량이어서 무시한다.

계산

	Ring + Disk + 회전센서	Disk + 회전센서	회전센서
가속도 $a\,(m/s^2)$			
I 측정값 $(kg \cdot m^2)$	$I_{RDS}=$	$I_{DS}=$	$I_S=$

a는 측정값 α로부터 구한 값.

$I_{RDS}=I_R+I_D+I_S$: Ring과 Disk와 Sensor 전체의 회전관성.

$I_{DS}=I_D+I_S$: Disk와 Sensor의 회전관성.

I_S : Sensor의 회전관성.

$$I(\text{측정값})=mr^2\left(\frac{g-a}{a}\right)$$

(계산에 사용되는 m과 반지름 r이 각각 어떤 물체의 것인지 확인한다.)

	Ring	Disk
I 측정값 $(kg \cdot m^2)$	$I_R=$	$I_D=$
I 이론값 $(kg \cdot m^2)$	$I_R=$	$I_D=$
I 오차 (%)		

I 이론값 : 기하학적인 모양에 따른 이론 계산값. 일반물리학 교재 참조.

$$I\ \text{오차}\ (\%)=\left|\frac{I(\text{측정값})-I(\text{이론값})}{I(\text{이론값})}\right|\times 100$$

2. 실험 분석 질문

(1) 그림 8-4, 8-5의 경우에 대한 계산을 진행해본다.

(2) 그림 8-12에서 pulley와 검은색 도르래 사이의 줄은 지면과 수평을 이루어야 한다. 그렇지 않을 경우 측정에서 생길 수 있는 문제는 무엇인지 생각해본다.

(3) 추가 낙하할 때 흔들거리지 말아야 한다. 추가 흔들리면서 낙하할 경우 측정에서 생길 수 있는 문제는 무엇인지 생각해본다.

(4) Ring 또는 Disk가 회전할 때 회전면은 지면과 평행해야 한다. 그렇지 않을 경우 측정에서 생길 수 있는 문제는 무엇인지 생각해본다.

9. 각운동량 보존

1 실험 목적

직선운동을 하고 있는 물체의 경우 그 운동 상태를 나타내는 물리량으로서 선운동량이 유도되었다. 회전운동의 경우도 회전하고 있는 물체의 운동 상태를 나타내는 물리량인 각운동량이 존재한다. 각운동량은 선운동량과 마찬가지로 회전물체의 충돌과정 전후로 보존되는 특징이 있다. 이번 장에서는 각운동량의 의미를 살펴보고 실험을 통해서 회전하는 물체들이 가지는 각운동량의 보존에 대한 성질을 실험적으로 확인하고 측정 방법을 학습해본다.

2 이론 및 원리

1. 각운동량의 의미

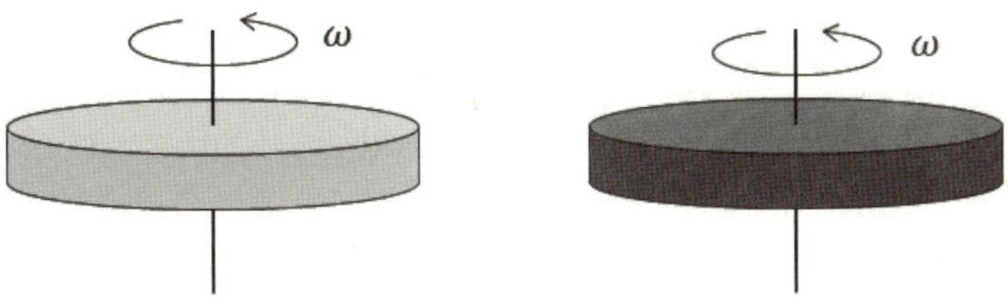

(a) (b)

그림 9-1 | (a) 나무 재질과 (b) 무쇠 재질의 회전원판.

그림 9-1과 같이 가벼운 나무 재질로 만들어진 회전원판과 같은 크기의 무쇠로 만들어진 회전원판이 동일한 각속도 ω로 회전하고 있다. 이 때, 회전중인 원판을 멈추기 위해서는 마찰력을 가해야 하는데 우리는 간접경험을 통해서 질량이 훨씬 더 큰 무쇠 원판의 경우가 멈추기가 더 어렵다는 것을 직관적으로 알 수 있다. 한편 같은 나무 원판이라 하더라도 훨씬 더 빠른 각속도로 회전하고 있을 경우 그 만큼 회전운동을 멈추기가 더 어려워진다. 앞서 살펴보았던 선운동량 보존법칙에서의 경우와 유사하게 회전하는 물체의 경우도 그 회전운동상태를 나타내는 물리량이 존재하는데, 예를 들면 지금 사례와 같이 회전을 멈추고자 마찰력을 가해서 회전운동의 상태를 변화시키기가 수월하거나 어려운 정도를 나타낼 수 있는 척도가 각운동량이다.

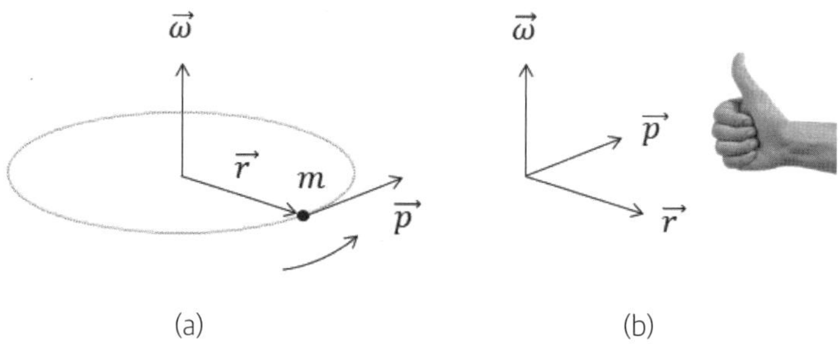

그림 9-2 | 질점의 회전 운동.

질량 m인 질점이 그림 9-2와 같이 등속 원운동을 하고 있다. 원운동의 중심으로부터 질점까지의 거리 벡터가 $\vec{r}$, 질점이 어떤 순간에 가지는 운동량 벡터가 $\vec{p}$일 때, 질점의 각운동량 벡터는 앞서 정성적으로 설명한 각운동량의 의미를 반영하여 정량적으로 표현해보면 다음과 같이 쓸 수 있다.

$$\vec{L} = \vec{r} \times \vec{p} \tag{9-1}$$

직선운동의 경우 힘과 운동량의 관계는 $\vec{F} = \frac{d\vec{p}}{dt}$가 성립하는데, 회전운동에서의 회전력에 해당하는 토크 $\vec{\tau}$와 각운동량 $\vec{L}$의 관계를 살펴보면

$$\frac{d\vec{L}}{dt} = \frac{d}{dt}(\vec{r} \times \vec{p}) = \frac{d\vec{r}}{dt} \times \vec{p} + \vec{r} \times \frac{d\vec{p}}{dt} = \vec{r} \times \vec{F} = \vec{\tau} \tag{9-2}$$

와 같기 때문에 직선운동에서의 힘과 운동량 관계와 대비를 이루는 구조를 보여주고 있다.

각운동량 벡터의 방향은 그림 9-2(b)에서와 같이 벡터곱의 두 성분인 $\vec{r}$와 $\vec{p}$의 꼬리 끝부분을 일치시키고 벡터곱의 첫 번째 항인 $\vec{r}$가 두 번째 항인 $\vec{p}$를 바라보는 방향을 오른손의 네 손가락의 방향으로 했을 때 오른손 엄지손가락의 방향이 $\vec{L}$의 방향이 된다는 오른손 규칙을 사용하여 기억하면 편리하다.

식 9-1을 조금 더 정리해보면

$$\begin{aligned} \vec{L} &= \vec{r} \times \vec{p} = \vec{r} \times m\vec{v} = m\vec{r} \times (\vec{\omega} \times \vec{r}) = m[\vec{\omega}(\vec{r} \cdot \vec{r}) - \vec{r}(\vec{r} \cdot \vec{\omega})] \\ &= mr^2\vec{\omega} \end{aligned} \tag{9-3}$$

가 된다. 여러 개의 질점으로 이루어진 강체의 경우 전체 각운동량은 각각의 개별 질점들이 공통된 회전축에 대해 가지는 각운동량을 모두 합한 것이 되므로 식 9-4와 같이 표현된다.

$$\vec{L} = \sum_i \vec{L_i} = \sum_i (m_i r_i^2)\vec{\omega} = I\vec{\omega} \tag{9-4}$$

연속체인 경우는 회전관성의 계산에 있어서 $\sum_i (m_i r_i^2) \rightarrow \int r^2 dm$의 변환과정을 가지게 된다.

앞서 설명한 원판형 물체의 회전으로 돌아와 보면, 설정한 회전축에 대해 회전관성이 I 인 물체가 그 회전축을 중심으로 각속도 ω로 회전하고 있으면 물체는 각운동량이 $L = I\omega$인 상태라고 표현할 수 있다. 따라서 각운동량을 구성하는 두 성분인 회전관성 I가 클수록, 각속도 ω가 클수록 각운동량 L이 커지기 때문에 그만큼 회전운동의 상태 변화(각속도의 변화)를 만들어내기가 어려워진다는 의미이다.

2. 각운동량 보존법칙

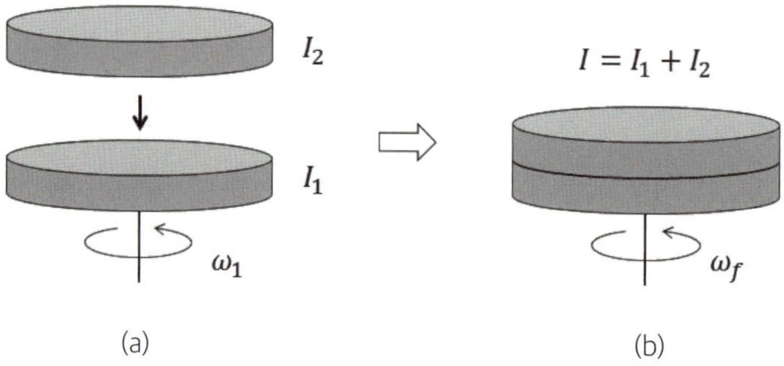

그림 9-3 | 회전하는 원판에 다른 물체가 충돌하는 경우.

그림 9-3에서는 아래 원판이 ω_1이라는 일정한 각속도로 회전하고 있다. 이 때 그 위에 또 다른 원판을 들고 있다가 낙하시키면 두 원판은 충돌하면서 작용, 반작용의 힘을 경험하게 된다. 두 개의 원판을 하나의 계(system)로 정의하면 이 힘들은 계 내부의 힘이 된다. 이후 낙하한 원판은 아래 원판 위에 얹어진 상태로 합쳐져서 회전하게 되는 경우, 시스템 외부로부터 회전운동에 영향을 미칠 수 있는 힘의 작용이 없다면 충돌 전후로 이 계의 전체 각운동량은 보존된다는 것이 각운동량 보존법칙의 내용이다. 선운동량 보존의 경우와 비슷한 과정을 통해서 증명이 가능하다.

그림 9-3과 같은 상황에서 충돌 전의 시스템 전체 운동량을 $\overrightarrow{L_i}$, 충돌과정이 끝난 후의 전체 운동량을 $\overrightarrow{L_f}$ 라고 한다면 각운동량 보존법칙은 다음과 같이 수식화할 수 있다.

$$\overrightarrow{L}_i = \overrightarrow{L}_{1,i} + \overrightarrow{L}_{2,i} = \overrightarrow{L}_f = \overrightarrow{L}_{1,f} + \overrightarrow{L}_{2,f} \tag{9-5}$$

여기서 번호 1과 2는 그림 9-3에서 보듯이 각각 하단의 원판과 상단의 원판을 의미한다. 위 식은 벡터식이지만 충돌 전과 충돌 후의 회전물체들의 회전방향을 감안하여 스칼라 값으로 바꾸어 쓰는 것이 편리하다. 만약 ω_1의 값을 측정을 통해서 알고 있다면 충돌 후의 각속도 ω_f는 아래와 같이 이론적으로 구해낼 수 있다. (ω의 기준방향에 대해 반대방향으로 회전하는 경우 $-$부호를 넣어야 한다)

$$L_i = L_{1,i} + L_{2,i} = I_1\omega_1 + I_2\omega_2 = I_1\omega_1 \tag{9-6}$$

$$L_f = L_{1,f} + L_{2,f} = (I_1 + I_2)\omega_f \tag{9-7}$$

$$\therefore\ I_1\omega_1 = (I_1 + I_2)\omega_f \ \rightarrow\ \omega_f = \frac{I_1}{I_1 + I_2}\omega_1 \tag{9-8}$$

계산된 ω_f값과 측정된 ω_f가 같은 값이 된다면 실험적으로 각운동량보존법칙이 성립한다는 것을 확인할 수 있다.

한편 회전하는 물체는 회전운동에너지를 가진다. 특정한 회전축에 대해 회전관성이 I인 회전 물체가 그 회전축에 대해 각속도 ω로 회전하고 있다면 회전체의 회전운동에너지는 다음과 같다.

$$K = \frac{1}{2}I\omega^2 \tag{9-9}$$

그림 9-3의 상황은 회전하는 물체와 회전하지 않는 물체가 충돌하여 하나로 합쳐진 후에 회전운동을 이어가는 경우이므로 선운동량보존법칙에서 살펴본 비탄성충돌의 상황과 매우 유사하다. 따라서 충돌 전후의 회전운동에너지를 비교해보면 상당한 양의 회전운동에너지가 충돌과정에서 소멸된다는 것을 알 수 있다.

3 실험 기구 및 장치

실험세트 박스 : Rotation

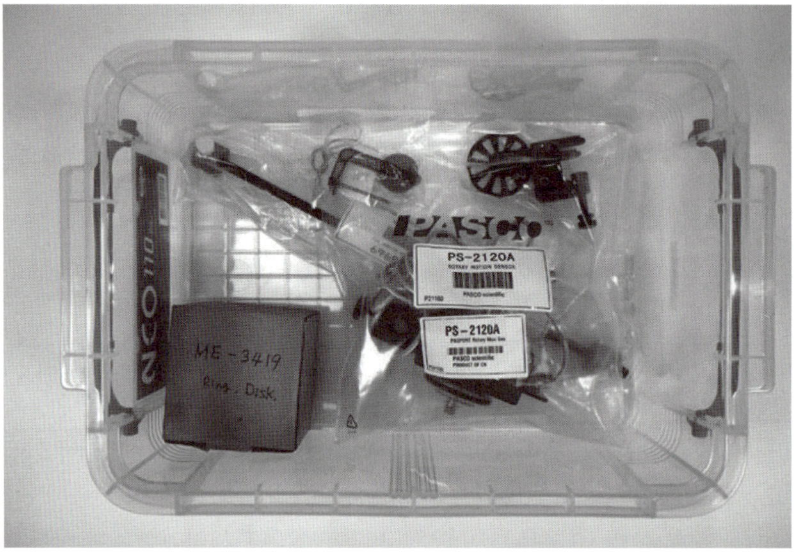

그림 9-4 | 실험세트 박스 수납상태.

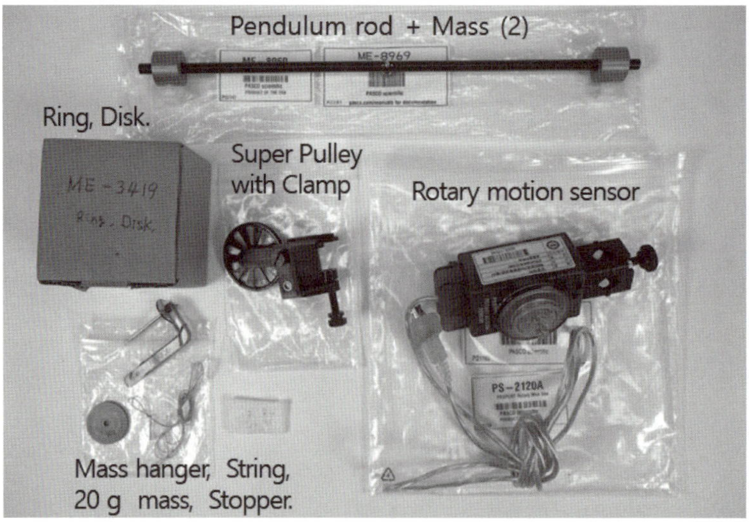

그림 9-5 | 실험세트 수납 내용물.

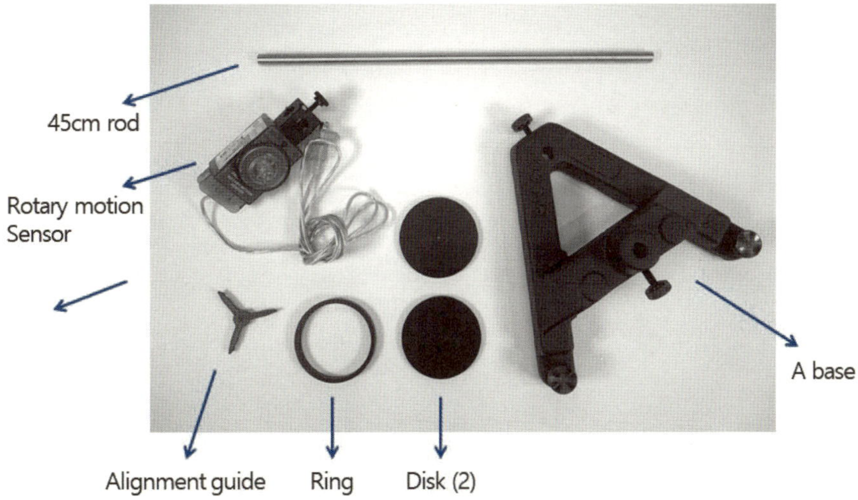

그림 9-6 | 각운동량 보존 실험 필요 부품.

박스 외 부품인 45 cm rod는 부품보관실 악세사리 수납 카트에서 가져온다. Large A base 는 각 실험실의 보관 장소에서 가져온다.

유의사항

1. 실험에 필요한 부품을 그림 9-6에서 확인한 후 보관 박스에서 꺼내고 보관 박스는 PC 모니터 뒤쪽 바닥에 옮겨놓은 후 실험을 시작한다.
2. 수납 시 그림 9-5의 내용물을 확인한 후 부품별 수납 비닐봉지에 물품들을 넣고 지퍼가 있을 경우 지퍼를 닫는다. 그림 9-4와 같이 원래의 상태로 수납이 되도록 한다. 박스의 방향이 바뀌지 않도록 주의하며, 박스의 라벨은 왼쪽에 위치하도록 한다. 모든 물품은 사용 후 원래의 보관 장소와 위치로, 원래의 보관 상태로 정리되어야 한다.
3. 기다란 선이 있는 센서 등을 박스에 보관할 때 선을 정리한 후 보관용 비닐봉지에 수납한다.
4. 실험 종료 후 실험세트 박스의 구성품들은 그림 9-4와 같이 박스 안에 정리해 놓는다. 그 외 45 cm 막대, A base는 커팅매트위에 그대로 유지한다. PC와 850 인터페이스의 전원은 OFF 시킨다. 퇴실 시 정리 상태를 확인받고 퇴실한다.

4 실험 셋업

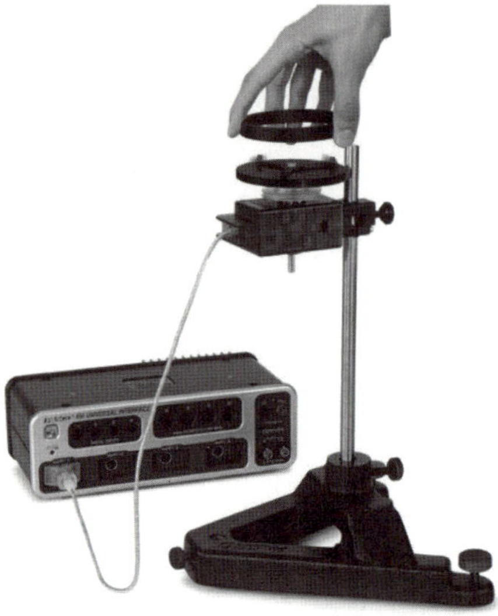

그림 9-7 | 설치된 실험장치 모습.

1. 그림 9-7과 같이 삼각지지대에 45 cm rod를 설치하고 회전운동 센서를 장착한다.
2. 회전운동 센서의 연결선을 850 인터페이스에 연결한다.
3. 실험대 PC의 바탕화면 우측 상단에서 '1학기 실험' 폴더를 찾아 '각운동량보존.cap' 파일을 더블클릭하여 측정용 소프트웨어를 시작한다. 센서의 sampling rate는 50 Hz를 사용한다.
4. 실험에 사용될 원형 링과 원판 각각의 질량, 원형 링에 표시되어 있는 안쪽 반지름(R_1)과 바깥쪽 반지름(R_2), 원판의 반지름(R)을 실험결과지에 기록한다.
5. 그림 9-7과 같이 Disk와 alignment guide를 회전운동 센서의 Pulley에 설치한다. Alignment guide의 역할은 Ring이 Disk 위로 낙하했을 때 Ring이 Disk와 정렬이 되도록 해주는 부품이다.
6. 그림 9-8과 같이 추를 Disk 위 가장자리 위치에 올려놓고 회전시켜본다. 이 때 Disk의 설치 상태가 수평인지 아닌지는 wobbling의 발생 여부를 눈으로 확인하여 알 수가 있는데, 필요할 경우 삼각지지대의 지지대 수평조절 나사를 이용하여 수평을 맞추도록 한다.

그림 9-8 | 원형 Disk와 alignment guide의 설치 및 수평 확인.

5 실험 방법

1. Ring을 Disk 위로 약 5~10 mm 높은 지점에 정지시킨 상태에서, 회전운동 센서에 부착되어 있는 고무링을 손가락으로 시계 방향으로 회전시킨다.
   측정 프로그램의 화면 하단의 RECORD 버튼을 눌러 측정을 시작한다.
2. 1-2초 정도가 지난 후에 데이터가 정상적으로 얻어지고 있는 것을 확인한 후, 붙잡고 있던 Ring을 회전하는 Disk 위로 떨어뜨린다. Ring이 alignment guide에 맞게 떨어졌는지를 확인한다.

[주의사항]

회전하는 Disk 위로 떨어지는 물체는 충격의 반동으로 튕겨나가기가 쉽다. 따라서 두 물체의 중심이 정렬된 상태에서 10 mm 이내의 높이차로 낙하시킨다.

3. Ring이 낙하한지 2-3초 정도가 경과한 후 STOP 버튼을 눌러 데이터 수집을 종료한다. (두 회전물체의 충돌 직전의 각속도와 충돌 직후의 각속도 정보가 필요하기 때문에 2-3초 정도의 데이터로 충분하다.)
4. 측정된 그래프에서 Coordinates tool 아이콘을 사용하여 두 회전물체의 충돌 직전의 각속도와 충돌 직후의 각속도 값을 읽어 결과표에 기록한다.
5. 두 번째 측정으로, alignment guide를 제거한 후 Disk만 센서에 고정시킨 후 회전운동 센서에 장착된 것과 같은 크기의 Disk에 대해 앞의 1-4 과정을 따라 낙하시켜 측정한다. 낙하하는 Disk의 중심부 사각형 홈이 아래방향을 향하도록 한 상태에서 낙하시킴으로써 사각형 홈이 아래 회전하는 Disk를 고정하고 있는 중심부 고정나사 헤드와 겹치도록 하여 두 Disk의 회전 중심이 일치되도록 한다. 두 개의 Disk는 동일한 규격의 Disk이다.

1. 실험값 및 계산

회전 물체 측정

	Ring 질량 (g)	Disk 질량 (g)
측정값		

	Ring 내경 R_1 (cm)	Ring 외경 R_2 (cm)	Disk 반경 R (cm)
측정값			

	Ring 회전관성 $(kg \cdot m^2)$	Disk 회전관성 $(kg \cdot m^2)$	Sensor 회전부의 회전관성 $(kg \cdot m^2)$
계산값			6.00×10^{-6}

※ 회전관성은 이론식에 의한 계산값을 사용한다. 회전운동센서 회전부의 회전관성 I_S는 위 값(실측값)으로 반영한다. 각운동량과 회전운동에너지를 계산할 때 Sensor 회전부의 회전관성 I_S도 고려해야 한다.

(1) 낙하물체가 Ring 일 때 측정값

	충돌 직전	충돌 직후	변화율 (%)
각속도 (rad/s)			
각운동량 $(kg \cdot m^2/s)$			
회전운동에너지 (J)			

각속도는 측정값을 기재하고 각운동량과 회전운동에너지는 각속도 측정값을 이용하여 계산한다. 계산에 필요한 회전관성은 위에서 구한 이론적인 계산값을 사용한다.

$$\text{변화율 (\%)} = \left| \frac{\text{충돌직후 값} - \text{충돌직전 값}}{\text{충돌직전 값}} \right| \times 100$$

(2) 낙하물체가 Disk 일 때 측정값

	충돌 직전	충돌 직후	변화율 (%)
각속도 (rad/s)			
각운동량 $(kg \cdot m^2/s)$			
회전운동에너지 (J)			

각속도는 측정값을 기재하고 각운동량과 회전운동에너지는 각속도 측정값을 이용하여 계산한다. 계산에 필요한 회전관성은 위에서 구한 이론적인 계산값을 사용한다.

$$\text{변화율 (\%)} = \left| \frac{\text{충돌직후 값} - \text{충돌직전 값}}{\text{충돌직전 값}} \right| \times 100$$

2. 실험 분석 질문

(1) 각운동량과 회전운동에너지라는 두 가지 물리량이 회전하는 두 물체가 충돌하는 과정에서 어떠한 변화양상을 보이는지 비교 분석해본다.

(2) 각속도 측정 그래프에서 각운동량 보존법칙에 대입할 각속도의 값들은 어느 시점에 측정된 값들이어야 하는지 그래프를 보면서 주의깊게 살펴본다.

(3) 그림 9-3에서처럼 회전하는 두 물체가 하나로 합쳐지기 위한 낙하운동이 발생해야 하는데, 이 실험을 지구에서 했을 때와 지구에 비해 중력이 1/6밖에 되지 않는 달에서 했을 때의 차이점이 무엇인지 생각해본다.

10. 물리진자

1 실험 목적

질점의 단진자 운동에 관한 이해를 바탕으로 질점이 아닌 유한한 크기의 질량 분포를 이루는 물체의 진자운동에 대해 살펴보고, 이러한 물리진자의 주기 측정값을 이론식과 비교해본다.

2 이론 및 원리

1. 질점의 단진자 운동

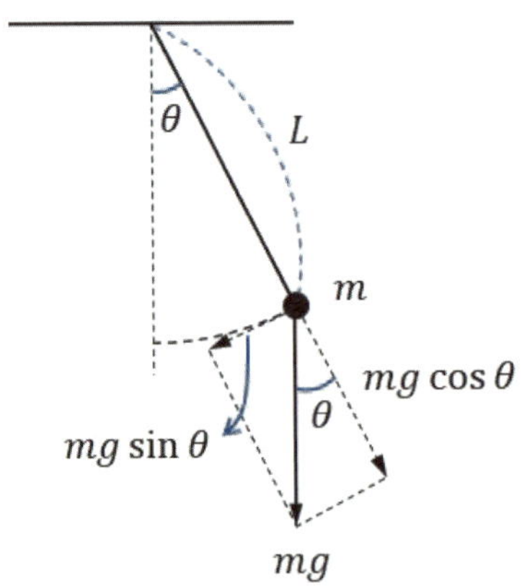

그림 10-1 | 질량이 m인 질점의 단진자 운동.

단진자는 단순조화운동을 하는 진자이다. 진자는 한 점에 고정된 줄에 매달려 주기적으로 흔들리는 운동을 하는 물체이다. 그림 10-1과 같이 질점으로 간주할 수 있는 물체가 줄에 매달려 단진자 운동을 하고 있다고 하자. 질점은 매달린 줄의 끝부분 고정점에 대해 회전운동을 하고 있다. 회전운동은 중력에 의해 발생하는 토크의 작용에 의한 결과이다. 질점에 대해 발생하는 토크의 크기를 계산해보면

$$\vec{\tau} = \vec{r} \times \vec{F} \quad \rightarrow \quad \tau = -Lmg\sin\theta \qquad (10\text{-}1)$$

와 같다. 그림 10-1에서 수직방향의 점선을 기준으로 진자가 움직이면서 발생하는 각도 θ의 + 방향은 오른손법칙을 이용하여 각도가 증가하는 ⊙ 방향(종이 지면에 수직으로 나오는 방향)이지만 식 10-1에서 계산된 토크벡터의 방향은 ⊗ 방향(종이 지면에 수직으로 들어가는 방향)이기 때문에 이러한 방향성을 나타내기 위해 10-1식에 − 부호가 추가되었다. 한편 $\tau = I\alpha$ 라는 관계식에 대입하여 정리해보면 다음과 같은 결과가 얻어진다.

$$\tau = -Lmg\sin\theta = I\alpha = I\frac{d^2\theta}{dt^2} \quad \rightarrow \quad \frac{d^2\theta}{dt^2} + \frac{mgL\sin\theta}{I} = 0 \qquad (10\text{-}2)$$

만약 그림 10-1에서 진자운동이 만드는 각도 θ가 크지 않다면 $\sin\theta$에 대한 Tayler 전개식인 식 10-3을 이용하여 $\sin\theta$를 θ로 근사하여 대체할 수 있다.

$$\sin\theta = \theta - \frac{\theta^3}{3!} + \frac{\theta^5}{5!} - \frac{\theta^7}{7!} + \ldots \simeq \theta \quad (\theta \ll 1) \qquad (10\text{-}3)$$

따라서 식 10-2는 다음과 같이 쓸 수 있다.

$$\frac{d^2\theta}{dt^2} + \frac{mgL}{I}\theta = 0 \qquad (10\text{-}4)$$

이런 형태의 2차 미분방정식은 용수철의 단진동 실험에서 이미 살펴본 바가 있기 때

문에 식 10-4에서 얻어진 각진동수 ω 로부터 주기를 다음과 같이 구할 수 있다.

$$\omega = \sqrt{\frac{mgL}{I}} = \frac{2\pi}{T} \quad \rightarrow \quad T = 2\pi\sqrt{\frac{I}{mgL}} \tag{10-5}$$

여기서 I는 한 개의 질점에 대한 회전관성이기 때문에 $I = mL^2$ 이므로 이것을 대입하면 다음과 같다.

$$T = 2\pi\sqrt{\frac{L}{g}} \tag{10-6}$$

정리하면 식 10-6은 진자운동의 회전각도가 작으면서 질점 하나가 단진동운동을 할 때의 진동주기이다.

2. 평행축 정리

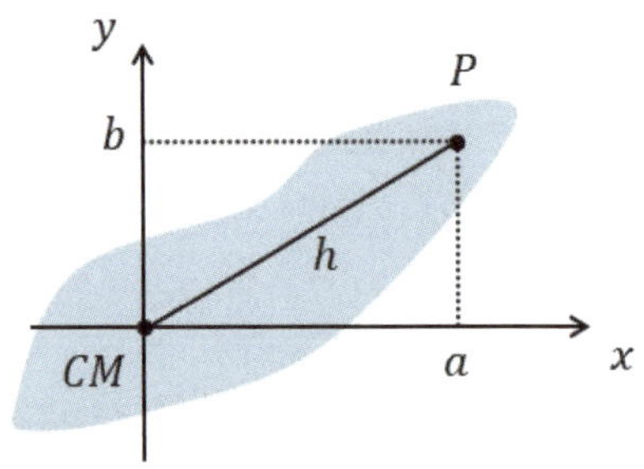

그림 10-2 | 질량중심이 CM인 물체의 회전중심을 P로 설정하는 경우.

유한한 크기의 질량분포를 가지는 물체의 경우 그 물체의 모든 질량이 한 점에 모여 있고 물체에 작용하는 힘은 그 한 점에 작용하는 것처럼 기술할 수가 있는데 이런 특별한 성질을 가지는 점을 질량중심이라고 한다. 따라서 어떤 물체의 질량중심을 회전축으로 잡은 경우에는 물체에 작용하는 중력이 질량중심에 작용하기 때문에 중력에 의해 아무런 회전도 발생하지 않는다. 질량중심의 또 다른 특징은 물체가 가지는 회전관성은 질량중심을 회전축으로 했을 때 가장 작은 회전관성이 된다. 만약 그림 10-2와 같이 어떤 물체의 질량중심으로부터 h만큼 떨어진 점 P를 회전축으로 선택한다면 이 회전축에 대한 물체의 회전관성은 어떻게 표현될 수 있는지 살펴보자.
회전축 P의 좌표를 (a, b)라고 하면 전체 질량이 M인 물체의 회전축 P에 대한 회전관성은 다음과 같이 쓸 수 있다.

$$\begin{aligned} I &= \int r^2 dm = \int \left[(x-a)^2 + (y-b)^2\right] dm \\ &= \int \left[x^2 - 2ax + a^2 + y^2 - 2by + b^2\right] dm \\ &= \int (x^2+y^2) dm + (-2a)\int x\, dm + (-2b)\int y\, dm + (a^2+b^2)\int dm \\ &= I_{CM} + (-2a)M x_{CM} + (-2b)M y_{CM} + (a^2+b^2)M \\ &= I_{CM} + Mh^2 \end{aligned} \quad (10\text{-}7)$$

대칭적인 형상을 가진 물체의 경우 질량중심에 대한 회전관성 계산이 비교적 수월한 편인데, 질량중심의 회전관성 I_{CM}을 알고 있다면 질량중심으로부터 거리 h만큼 떨어진 점을 회전축으로 했을 때의 회전관성은 식 10-7을 이용하면 쉽게 찾아낼 수 있다.

3. 물리진자의 진동주기

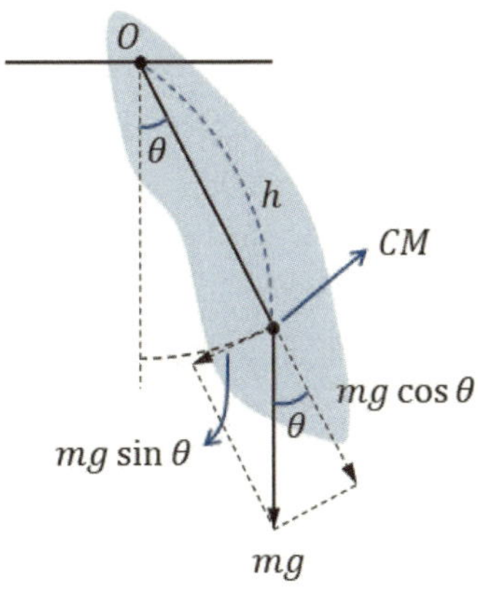

그림 10-3 | 물리진자를 이용한 단진동 운동의 발생.

하나의 질점이 아니고 그림 10-3과 같은 유한한 크기의 질량분포를 가진 강체의 경우 질량중심이 존재하고, 질량중심이 아닌 다른 점을 회전중심축으로 선택하면 진자운동을 발생시킬 수 있다. 이것을 물리진자라고 한다.

질량중심의 개념을 이용하여 그림 10-1과 그림 10-3을 대비시켜 생각해보면 그림 10-3의 물리진자에 대한 진동주기는 식 10-5를 그대로 적용하여 구할 수 있다.

$$T = 2\pi\sqrt{\frac{I}{mgh}} \tag{10-8}$$

여기서의 회전관성 I는 물체의 질량중심으로부터 h만큼 떨어진 위치에 있는 회전중심 O에 대한 회전관성이므로 식 10-7을 이용하면 다음과 같이 물리진자의 주기를 표현할 수 있다.

$$T = 2\pi\sqrt{\frac{I_{CM} + mh^2}{mgh}} \tag{10-9}$$

실험에서는 진자의 주기를 측정하고 평행축 정리인 식 10-7과 이론적인 주기값인 식 10-9를 이용하여 중력가속도 g를 구해본다.

3 실험 기구 및 장치

실험세트 박스 : Rotation

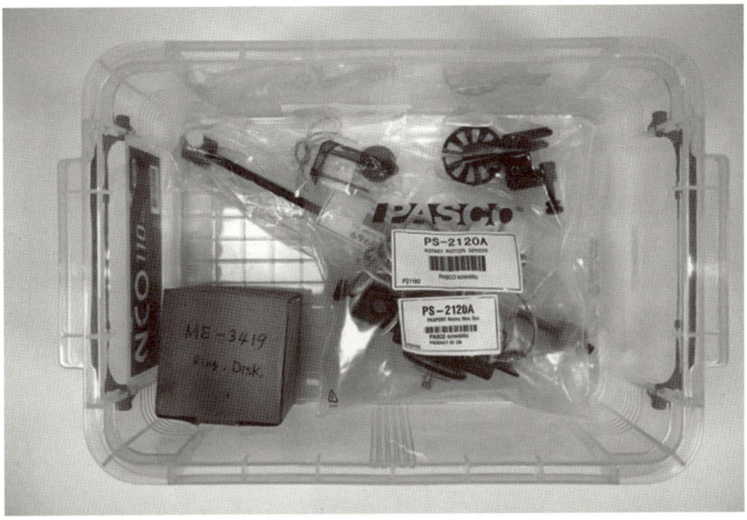

그림 10-4 | 실험세트 박스 수납상태.

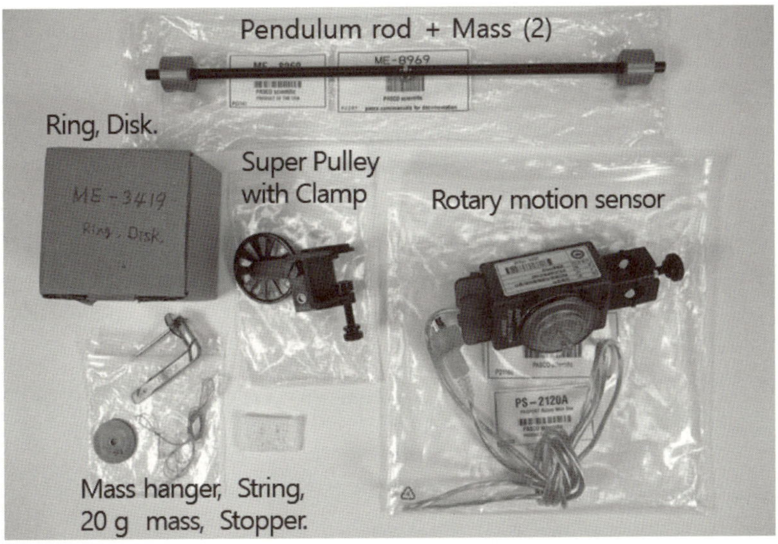

그림 10-5 | 실험세트 수납 내용물.

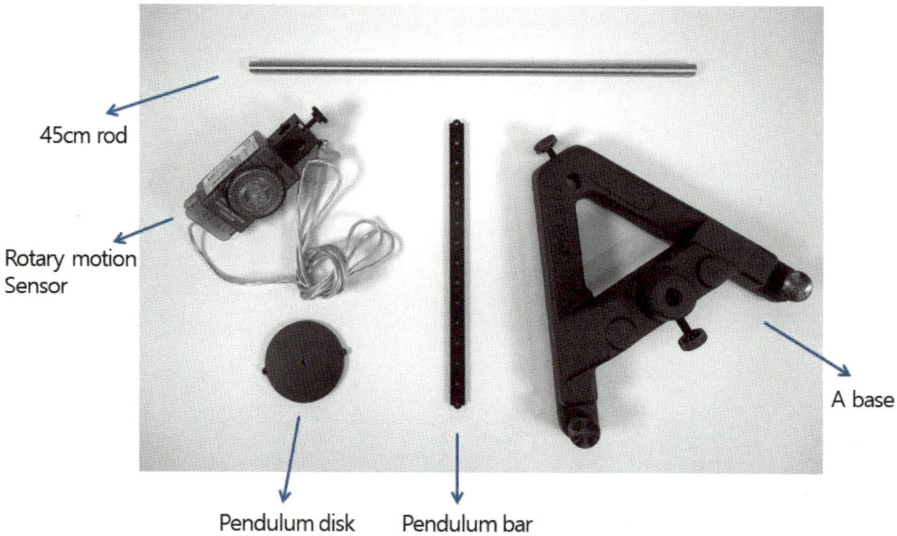

그림 10-6 | 물리진자 실험 필요 부품.

박스 외 부품인 45 cm rod는 부품보관실 악세사리 수납 카트에서 가져온다. Large A base 는 각 실험실의 보관 장소에서 가져온다.

유의사항

1. 실험에 필요한 부품을 그림 10-6에서 확인한 후 보관 박스에서 꺼내고 보관 박스는 PC 모니터 뒤쪽 바닥에 옮겨놓은 후 실험을 시작한다.
2. 수납 시 그림 10-5의 내용물을 확인한 후 부품별 수납 비닐봉지에 물품들을 넣고 지퍼가 있을 경우 지퍼를 닫는다. 그림 10-4와 같이 원래의 상태로 수납이 되도록 한다. 박스의 방향이 바뀌지 않도록 주의하며, 박스의 라벨은 왼쪽에 위치하도록 한다. 모든 물품은 사용 후 원래의 보관 장소와 위치로, 원래의 보관 상태로 정리되어야 한다.
3. 기다란 선이 있는 센서 등을 박스에 보관할 때 선을 정리한 후 보관용 비닐봉지에 수납한다.
4. 실험 종료 후 실험세트 박스의 구성품들은 그림 10-4와 같이 박스 안에 정리해 놓는다. 그 외 45 cm 막대, A base는 커팅매트위에 그대로 유지한다. PC와 850 인터페이스의 전원은 OFF 시킨다. 퇴실 시 정리 상태를 확인받고 퇴실한다.

4 실험 방법

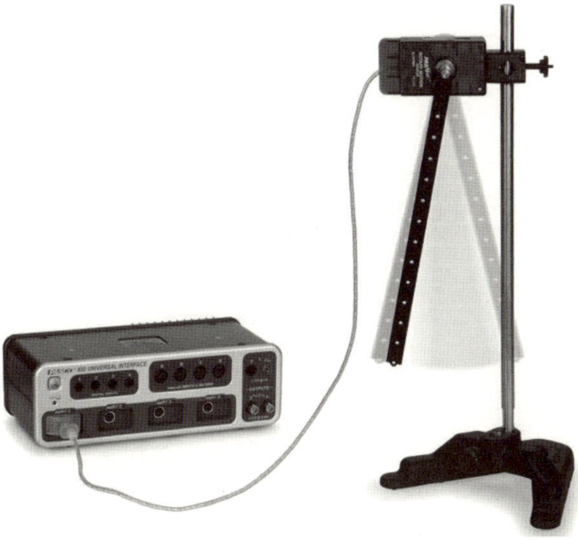

그림 10-7 | 막대형 물리진자 주기 측정 셋업.

실험 1

1. 그림 10-7과 같이 A base, 45 cm rod, 회전운동센서를 조립, 설치한다.
2. 회전운동 센서의 연결선을 850 인터페이스에 연결한다.
3. 실험대 PC의 바탕화면 우측 상단에서 '1학기 실험' 폴더를 찾아 '물리진자.cap' 파일을 더블클릭하여 측정용 소프트웨어를 시작한다. 센서의 sampling rate는 50 Hz를 사용한다.
4. 막대진자의 맨 끝부분 고정용 구멍을 이용하여 나사로 진자를 회전운동 센서에 고정한다.
5. 막대진자의 회전 각도를 20° 가 넘지 않도록 잡아당겼다가 놓아주면서 5회 이상의 주기운동을 발생시켜 측정한다. 5회의 진동에 대한 시간을 그래프에서 읽은 후 주기 횟수로 나누어 진동주기를 구한 후 결과지에 기록한다.
6. 고정용 나사를 막대진자의 끝에서 두 번째 구멍에 고정하고 진동주기를 측정하여 기록한다. 막대진자 고정용 구멍을 하나씩 질량중심쪽으로 옮겨가면서 이 과정을

반복하여 기록한다.

실험2

7. 회전운동 센서에 원판형 물리진자를 그림 10-8과 같이 설치한다.

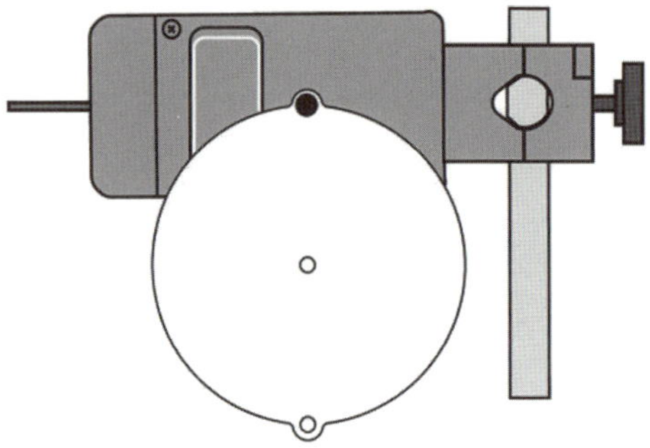

그림 10-8 | 원판형 물리진자 주기 측정 셋업.

8. 진자의 회전 각도를 20° 가 넘지 않도록 잡아당겼다가 놓아주면서 5회 이상의 주기운동을 발생시켜 측정한다. 5회의 진동에 대한 시간을 그래프에서 읽은 후 주기 횟수로 나누어 진동주기를 구한 후 결과지에 기록한다.

실험 10 | 물리진자 실험 결과

1. 실험값 및 계산

(1) 막대형 물리진자

	질량 (g)	길이 (cm)	구멍 간격 (cm)
측정값			

질량중심 회전관성 계산값 : I_{CM} =________________($kg \cdot m^2$)

주기 측정

위치 (cm)	2	4	6	8	10	12	14
주기 (s)							

※ 위치는 질량중심으로부터 회전중심까지의 거리(그림 10-3에서의 h)이다.

(2) 원판형 물리진자

	질량 (g)	반지름 (cm)	회전관성 I_{CM}($kg \cdot m^2$)
측정값			

※ 회전관성은 이론적인 계산값을 사용한다.

평행축 정리와 물리진자의 주기식을 이용하여 중력가속도 g를 계산한다.

중력가속도 계산값 : g =_______________(m/s^2)

오차 (%) $= \left| \dfrac{g(\text{계산값}) - 9.8}{g(\text{계산값})} \right| \times 100 =$ ___________%

2. 실험 분석 질문

(1) 식 10-9를 이용하여 막대형 물리진자에서의 h값에 따른 주기의 변화를 설명해본다.

(2) 질량중심의 개념과 물리진자의 원리를 바탕으로 그림 10-2와 같이 임의의 형상을 가진 2차원 물체에 대해 실험적으로 질량중심을 쉽게 찾아낼 수 있는 방법을 생각해본다.

11. 공기저항 측정

1 실험 목적

낙하운동에서 살펴본 공기저항의 측정에 관하여 측정 센서의 정밀도가 높고 향상된 결과를 얻을 수 있는 회전운동을 이용한 측정방법론에 관하여 살펴본다.

2 이론 및 원리

공기저항에 관한 내용은 낙하운동 편에서 살펴본 바가 있다. 낙하운동을 이용한 공기저항 측정의 경우 중력에 의한 종이판의 낙하운동이 비교적 짧은 시간 안에 이루어지기 때문에 이론적인 계산식들과의 데이터 fitting 구간의 크기가 작을 수밖에 없었고, 종이판이 낙하하면서 조금이라도 수평상태에서 어긋나게 되면 종이판의 위치나 속도, 가속도 정보가 잘 나오지 않기 때문에 안정적인 측정이 쉽지 않다는 단점이 존재하였다. 또한 초음파 운동센서의 측정원리상 정확한 실시간 측정이 아니기 때문에 발생하는 측정오차도 존재할 수 있다.

이러한 측정상의 단점들을 완벽하게 해결할 수는 없다하더라도 단점에 해당하는 측정조건들을 완화하여 더 나은 실험결과를 얻을 수 있는 다른 대안들을 찾아보는 것도 실험을 진행하면서 길러나가야 할 실험적인 안목이다.

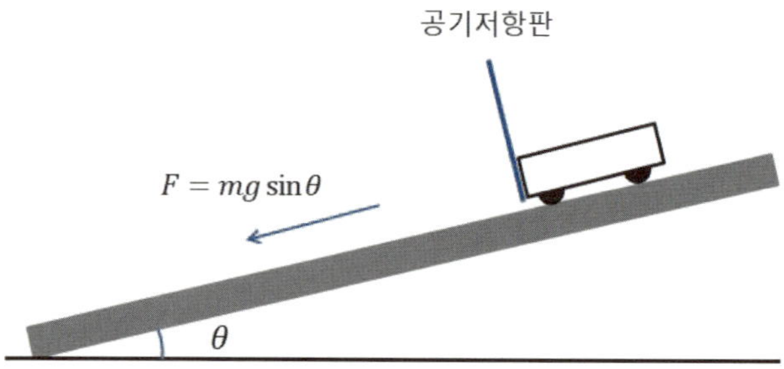

그림 11-1 | 공기저항판이 설치된 카트가 빗면을 타고 움직이는 모습.

중력가속도에 의한 수직낙하운동에서 운동시간을 늘리기 위한 방법으로는 중력보다 약한 힘을 받아서 운동하는 상태를 구현하는 것인데 예를 들면 그림 11-1과 같이 기울어진 운동 트랙을 타고 내려오는 카트에 공기저항을 받을 수 있는 판을 설치하면 카트 + 판으로 구성된 물체는 중력 mg 대신 빗면방향으로의 중력 성분인 $F = mg\sin\theta$의 영향을 받으면서 움직이게 된다. 또한 고정되어있지 않던 공기저항판을 카트에 고정시킴으로써 초음파 측정센서에 의한 측정의 안정성을 높일 수 있다. 이 경우에서의 단점은 공기저항판보다 질량이 더 큰 카트에 작용하는 중력 성분 때문에 움직이는 가속도 또한 공기저항판만 있는 경우보다 더 커지기 때문에 빗면을 활용하여 중력 성분의 크기를 감소시킨 의미가 약화되고 여전히 운동의 지속시간이 길지 않아 속도측정 그래프에서 종단속도를 직접 측정할 수 있을 정도는 아니다. 또한 초음파센서가 가지고 있는 근본적인 한계를 극복하기 위해서는 거리 또는 속도 측정이 가능한 다른 종류의 센서를 선택하는 것이 필요하다.

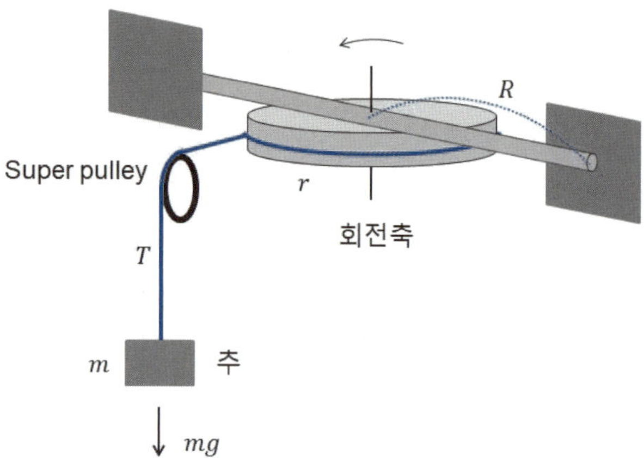

그림 11-2 | 회전운동을 이용한 개선된 공기저항력 측정 실험 셋업.

그림 11-2는 회전관성 측정셋업과 유사한 구성인데 회전운동 센서의 반투명 pulley에 공기저항판 지지용 막대기를 설치한 후 추를 이용하여 회전력을 발생시켜 공기저항판을 회전시키면 추의 질량에 따라 회전각속도의 빠르기를 조절할 수 있고 종단각속도를 직접 관찰할 수 있을 정도의 회전운동시간을 확보할 수 있을 것이다.

그림 11-2에 나타나있는 물리량들을 살펴보면 m은 super pulley에 걸쳐진 추의 질량, r은 회전력을 발생시키기 위해 줄이 감긴 센서의 반투명 pulley의 반지름, R은 회전중심축으로부터 공기저항판 중심까지의 길이다. 공기저항판 위의 각 위치마다 회전반지름이 다르기 때문에 이에 따른 단위면적당 공기저항력도 각 위치마다 달라질 수 있지만 근사적으로 일정하다고 가정한다.

낙하운동에서는 이론적인 낙하속도를 구해보았지만 지금과 같은 회전운동을 이용한 공기저항력 측정 실험 셋업에서는 회전 각속도를 구한 후에 공기저항력과의 관계를 살펴보도록 한다. 다음과 같은 기본적인 세 개의 수식, 식 11-1, 11-2, 11-3으로부터 시작한다.

$$\tau = rT = I\alpha \tag{11-1}$$

$$I\alpha = rT + RF_r \quad (F_r = -kv) \tag{11-2}$$

$$mg - T = ma \ \rightarrow \ T = m(g-a) \tag{11-3}$$

여기서 회전관성 I는 회전관성 센서의 회전부위들에 관한 회전관성인 I_S와 공기저항판, 공기저항판을 지지하기 위한 막대기의 회전관성 값들을 모두 더한 것이다.

식 11-3에서의 줄의 장력 T를 식 11-2에 대입하면

$$I\alpha = r(mg - ma) - Rkv = mrg - mr^2\alpha - kR^3\omega \tag{11-4}$$

가 얻어지는데, $a = r\alpha,\ v = R\omega$라는 관계식을 적용한 결과이다. $\alpha = \dfrac{d\omega}{dt}$에 대해 변수가 분리된 형태로 식을 정리하면

$$(I+mr^2)\frac{d\omega}{dt}=mrg-kR^2\omega \quad \rightarrow \quad (I+mr^2)d\omega=(mrg-kR^2\omega)dt \tag{11-5}$$

가 되고 이것을 적분하기 편한 상태로 상수들을 정리해주면

$$\frac{d\omega}{mrg-kR^2\omega}=\frac{dt}{I+mr^2} \quad \rightarrow \quad -\frac{d\omega}{\frac{mrg}{kR^2}-\omega}=-\left(\frac{kR^2}{I+mr^2}\right)dt \tag{11-6}$$

가 된다. 적분을 통해서 각속도를 구하면

$$\ln\left(\frac{mrg}{kR^2}-\omega'\right)\Bigg|_0^{\omega(t)}=-\left(\frac{kR^2}{I+mr^2}\right)t'\Bigg|_0^t \tag{11-7}$$

$$\therefore \quad \omega(t)=\frac{mrg}{kR^2}\left(1-e^{-\frac{kR^2}{I+mr^2}t}\right) \tag{11-8}$$

라는 각속도를 얻게 된다. 식 11-8에서의 종단각속도 $\omega(t\rightarrow\infty)$는 다음과 같다.

$$\omega_T=\frac{mrg}{kR^2} \tag{11-9}$$

회전운동 시간이 충분하다면 식 11-9의 종단각속도를 실험그래프에서 관찰할 수 있다. 식 11-8로부터 각가속도를 구해보면 다음과 같다.

$$\alpha(t)=\frac{d\omega}{dt}=\left(\frac{mrg}{I+mr^2}\right)e^{-\frac{kR^2}{I+mr^2}t} \tag{11-10}$$

한편 낙하하는 추의 낙하속도를 구해보면

$$v(t) = r\omega = \frac{mr^2 g}{kR^2}(1 - e^{-\frac{kR^2}{I + mr^2}t}) \tag{11-11}$$

이고 식 11-11을 적분하여 추의 낙하 위치 y를 구하면

$$y(t) = \frac{mr^2 g}{kR^2}t + \frac{mr^2 g(I + mr^2)}{k^2 R^4}(e^{-\frac{kR^2}{I + mr^2}t} - 1) \tag{11-12}$$

이 된다.

계산에 의해 유도된 각속도 ω, 각가속도 α, 추의 낙하속도 v, 추의 낙하위치 y 등에 대해 여러 가지 센서들을 사용하여 측정한 값들의 fitting 계산을 통해서 공기저항계수 k를 구하여 비교해볼 수 있다.

3 실험 기구 및 장치

실험세트 박스 : Rotation

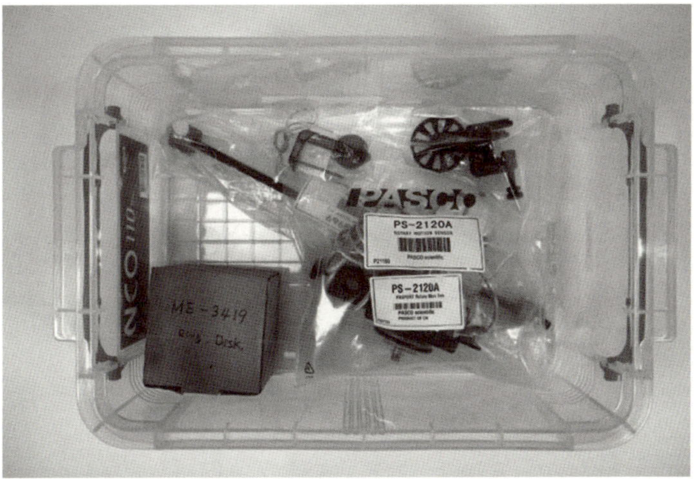

그림 11-3 | 실험세트 박스 수납상태.

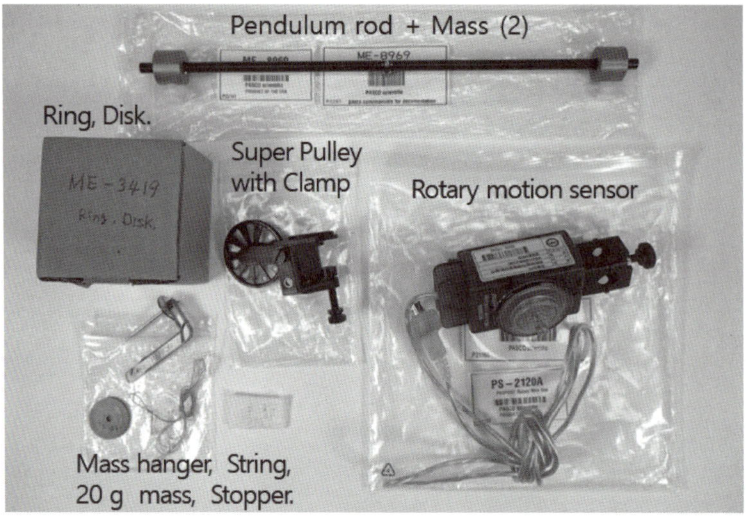

그림 11-4 | 실험세트 수납 내용물.

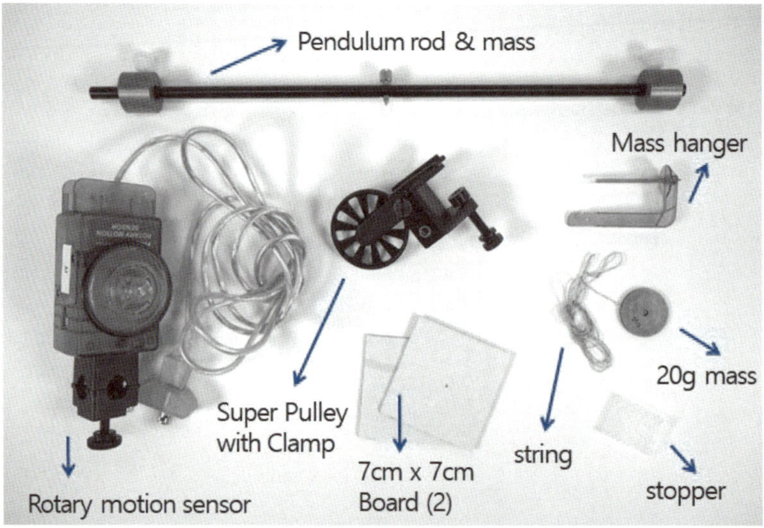

그림 11-5 | 공기저항 측정 실험 필요 부품.

박스 외 부품인 45 cm rod는 부품보관실 악세사리 수납 카트에서 가져온다. Large A base 는 각 실험실의 보관 장소에서 가져온다.

유의사항

1. 실험에 필요한 부품을 그림 11-5에서 확인한 후 보관 박스에서 꺼내고 보관 박스는 PC 모니터 뒤쪽 바닥에 옮겨놓은 후 실험을 시작한다.
2. 수납 시 그림 11-4의 내용물을 확인한 후 부품별 수납 비닐봉지에 물품들을 넣고 지퍼가 있을 경우 지퍼를 닫는다. 그림 11-3과 같이 원래의 상태로 수납이 되도록 한다. 박스의 방향이 바뀌지 않도록 주의하며, 박스의 라벨은 왼쪽에 위치하도록 한다. 모든 물품은 사용 후 원래의 보관 장소와 위치로, 원래의 보관 상태로 정리되어야 한다.
3. 기다란 선이 있는 센서 등을 박스에 보관할 때 선을 정리한 후 보관용 비닐봉지에 수납한다.
4. 실험 종료 후 실험세트 박스의 구성품들은 그림 11-3과 같이 박스 안에 정리해 놓는다. 그 외 45 cm 막대, A base는 커팅매트위에 그대로 유지한다. PC와 850 인터페이스의 전원은 OFF 시킨다. 퇴실 시 정리 상태를 확인받고 퇴실한다.

4 실험 방법

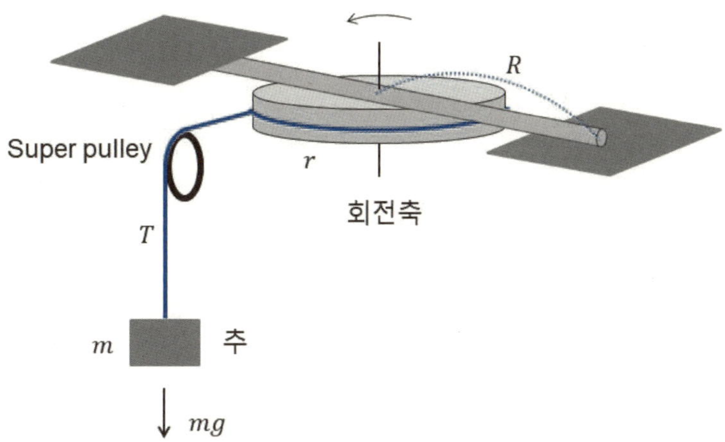

그림 11-6 | 구조물의 회전관성 측정.

1. 회전운동 센서의 연결선을 850 인터페이스에 연결하고 실험대 PC의 바탕화면 우측 상단에서 '1학기 실험' 폴더를 찾아 '공기저항측정.cap' 파일을 더블클릭하여 측정용 소프트웨어를 시작한다. 센서의 sampling rate는 50 Hz를 사용한다.
2. 그림 11-6과 같이 공기저항판을 회전면과 수평이 되도록 pendulum rod에 설치한 후 회전운동센서에 고정한다. 20 g 짜리 추를 사용하여 회전관성을 측정한다. 이 때 측정한 회전관성 I는 회전관성 센서의 회전부위들에 관한 회전관성인 I_S와 공기저항판, 공기저항판을 지지하기 위한 막대기의 회전관성 값들을 모두 더한 값이다.
3. 그림 11-7과 같이 공기저항판을 세로로 세워 설치한 상태에서 측정을 진행하여 각속도 그래프를 구한다.

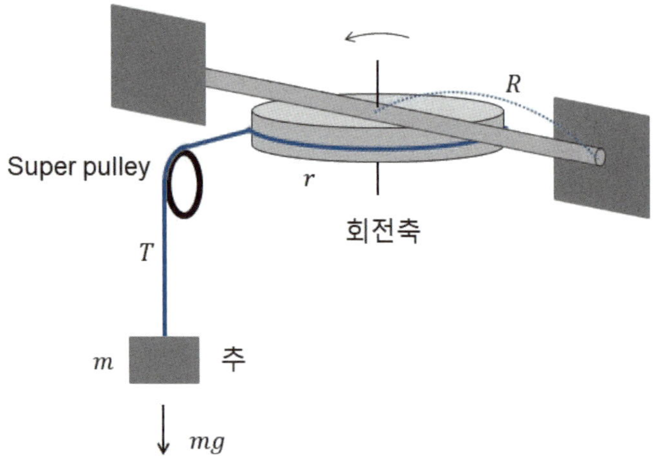

그림 11-7 | 공기저항 측정 셋업.

실험 11 | 공기저항 측정 실험 결과

1. 실험값 및 계산

(1) 회전구조물의 회전관성 측정

각가속도 α (rad/s^2)				
회수	1	2	3	평균
추 질량 (g)	25	25	25	

I 측정값	

평균 각가속도를 이용하여 $I(\text{측정값}) = mr^2\left(\frac{g-a}{a}\right)$을 계산한다.

(2) 종단각속도 ω_T의 측정

종단각속도 ω_T (rad/s)				
회수	1	2	3	평균
추 질량 (g)	25	25	25	

공기저항계수 k	

$k = \frac{mrg}{\omega_T R^2}$를 이용하여 실험값 ω_T로부터 구한다.

(3) 측정 그래프 fitting에 의한 공기저항계수 k

공기저항계수 k fitting 결과	
ω	α

2. 실험 분석 질문

(1) 지금과 같이 수평회전운동을 이용하여 측정한 공기저항력 비례상수 k는 낙하운동을 이용하여 측정했을 때의 값과 비교해보면 차이가 크게 난다. 이 두 경우의 실험을 통해서 k값에 영향을 미칠 수 있는 요소들은 무엇인지, 그 중에서 가장 큰 영향을 주는 요소는 무엇이며 어떤 상관관계를 가지고 큰 차이를 만들어 내는지 생각해본다.

(2) 수평회전운동과 낙하운동에서의 공기저항력은 어떤 점에서 차이를 보이는지 각각의 경우에 대해 영향을 미치는 인자들을 비교하여 생각해본다.

부록 1. 기본 물리상수 (Fundamental physical constants)

Quantity	Symbol	Value	Unit
speed of light in vacuum	c	$299{,}792{,}458$	$m\,s^{-1}$
vacuum magnetic permeability	μ_o	$1.25663706212(19)\times10^{-6}$	NA^{-2}
vacuum electric permittivity	ε_o	$8.8541878128(13)\times10^{-12}$	Fm^{-1}
characteristic impedance of vacuum	Z_o	$376.730313668(57)$	Ω
Newtonian constant of gravitation	G	$6.67430(15)\times10^{-11}$	$m^3kg^{-1}s^{-2}$
Planck constant	h	6.62607015×10^{-34}	$J\,Hz^{-1}$
	$\hbar$	$1.054571817\times10^{-34}$	$J\,s$
elementary charge	e	$1.602176634\times10^{-19}$	C
magnetic flux quantum $2\pi\hbar/(2e)$	Φ_o	$2.067833848\times10^{-15}$	Wb
conductance quantum $2e^2/2\pi\hbar$	G_o	7.748091729×10^{-5}	S
inverse of conductance quantum	G_o^{-1}	12906.40372	Ω
Bohr magneton $e\hbar/2m_e$	μ_B	$9.2740100783(28)\times10^{-24}$	$J\,T^{-1}$
electron mass	m_e	$9.1093837015(28)\times10^{-31}$	kg
electron magnetic moment	μ_e	$-9.2847647043(28)\times10^{-24}$	$J\,T^{-1}$
alpha particle mass	m_α	$6.6446573357(20)\times10^{-27}$	kg
Avogadro constant	N_A	6.02214076×10^{23}	mol^{-1}
Boltzmann constant	k	1.380649×10^{-23}	$J\,K^{-1}$
atomic mass constant	m_u	$1.66053906660(50)\times10^{-27}$	kg
standard atmosphere		101325	Pa
molar volume of ideal gas (RT/p) $T=273.15\,K,\ p=101.325\,kPa$	V_m	$22.41396954...\times10^{-3}$	$m^3\,mol^{-1}$
Stefan-Boltzmann constant $(\pi^2/60)k^4/\hbar^3c^2$	σ	$5.670374419...\times10^{-8}$	$Wm^{-2}K^{-4}$

(자료 출처 : 2018 CODATA adjustment)

부록 2. 국제 단위계 (International system of units : SI units)

Quantity	Unit	Symbol
Length	meter	m
Mass	kilogram	kg
Time	second	s
Temperature	kelvin	K
Current	ampere	A
Angle	radian	rad
Frequency	hertz	Hz
Force	newton	N
Pressure	pascal	Pa
Energy	joule	J
Power	watt	W
Electric charge	coulomb	C
Potential	volt	V
Conductance	siemens	S
Resistance	ohm	Ω
Capacitance	farad	F
Magnetic flux	weber	Wb
Magnetic field	tesla	T
Inductance	henry	H
Light flux	lumen	Lm
Light intensity	candela	Cd

부록 3. 그리스 문자 (Greek alphabet)

Letter	Lowercase	Uppercase
Alpha	α	A
Beta	β	B
Gamma	γ	Γ
Delta	δ	Δ
Epsilon	ε	E
Zeta	ζ	Z
Eta	η	H
Theta	θ	Θ
Iota	ι	I
Kappa	κ	K
Lambda	λ	Λ
Mu	μ	M
Nu	ν	N
Xi	ξ	Ξ
Omicron	o	O
Pi	π	Π
Rho	ρ	P
Sigma	σ	Σ
Tau	τ	T
Upsilon	υ	Υ
Phi	ϕ	Φ
Chi	χ	X
Psi	ψ	Ψ
Omega	ω	Ω

Memo

Memo

정희준

—

연세대학교 물리학과 이학사

美 Purdue 대학교 물리학과 이학박사

美 Princeton 대학교 전자공학과 박사후 연구원

현 한양대학교 ERICA 응용물리학과 교수

연구분야: 단전자 트랜지스터, 분자전자소자, 전기노이즈 특성 측정

일반물리학실험 1

: 역학 편

펴낸날 2023년 10월 31일 초판 1쇄

지은이 정희준 ● **펴낸이** 이기정

펴낸곳 한양대학교출판부 ● **출판등록** 제4-7호(1972.2.29)

주소 서울 성동구 왕십리로 222 ● **전화** 02.2220.1432-4 ● **팩스** 02.2220.1435

홈페이지 press.hanyang.ac.kr ● **이메일** presshy@hanyang.ac.kr

표지 안광일 ● **본문디자인·인쇄** 네오프린텍

값 **18,000** 원

ISBN 978.89.7218.789.9 (93420)